岩盐水溶开采沉陷及溶腔稳定性

任　松　姜德义　杨春和　陈　结　著

重庆大学出版社

内 容 提 要

本书深入系统地介绍了岩盐水溶开采沉陷和溶腔稳定性的相关内容。包括岩盐水溶开采沉陷的机理、相似材料模拟试验、数值计算及软件开发、预测理论及方法,以及溶腔稳定性影响因素、顶板失稳判据、长期稳定性评估模型等内容。本书最后对我国第一个岩盐地下储库——金坛岩盐储库进行了地表沉陷预测。

本书可供从事矿山开采沉陷、岩盐地下储库等方面的科研人员和工程技术人员参考,也可作为高等学校矿山开采沉陷学的教材或教学参考书。

图书在版编目(CIP)数据

岩盐水溶开采沉陷及溶腔稳定性/任松等著.—重庆:重庆大学出版社,2012.5(2022.8重印)

ISBN 978-7-5624-6612-3

Ⅰ.①岩… Ⅱ.①任… Ⅲ.①岩盐开采—水溶采矿—沉陷性—研究②岩盐开采—水溶采矿—稳定性—研究 Ⅳ.①TD871

中国版本图书馆CIP数据核字(2012)第061222号

岩盐水溶开采沉陷及溶腔稳定性

任 松 姜德义 杨春和 陈 结 著

策划编辑:曾显跃

责任编辑:李定群 邓桂华 版式设计:曾显跃

责任校对:贾 梅 责任印制:张 策

*

重庆大学出版社出版发行

出版人:饶帮华

社址:重庆市沙坪坝区大学城西路21号

邮编:401331

电话:(023) 88617190 88617185(中小学)

传真:(023) 88617186 88617166

网址:http://www.cqup.com.cn

邮箱:fxk@cqup.com.cn (营销中心)

全国新华书店经销

POD:重庆新生代彩印技术有限公司

*

开本:787mm×1092mm 1/16 印张:10 字数:250千

2012年5月第1版 2022年8月第2次印刷

ISBN 978-7-5624-6612-3 定价:44.00元

前言

岩盐因其优良的性能，成为能源储存的理想介质。近年来，我国规划了大规模的岩盐溶腔地下储库。这些储库的建设均采用水溶法。大规模群集的地下巨大腔体将会导致严重的地表沉陷。岩盐水溶开采沉陷具有其特殊性，主要表现为采空区形状复杂、预留矿柱难度大、开采沉陷为多个独立溶腔共同作用的结果。本书采用模型试验、数值计算、理论推导的方法对岩盐水溶开采沉陷这一问题进行了系统深入的研究。

本书共分为7章：第1章，介绍了国内外关于开采沉陷的研究现状；第2章，分析了开采沉陷的机理及水溶开采沉陷的特点；第3章，采用相似材料模拟实验研究了岩盐水溶开采沉陷的岩层损伤演化过程、岩层移动变形规律、层面效应、分层特征及破碎岩体尺寸特征等内容；第4章，开发专门的水溶开采沉陷有限元软件，研究了岩盐水溶开采过程中的层理效应、岩层倾角效应、断层效应和多溶腔影响规律等内容；第5章，基于随机介质理论给出了岩盐水溶开采沉陷的分层传递新概率积分三维预测模型；第6章，分析了溶腔稳定性的影响因素，给出了溶腔顶板、矿柱失稳的突变判据，建立了溶腔储库运营期稳定性综合评价模型；第7章，应用第5章的预测模型对金坛溶腔储气库的地表沉陷进行了预测。

由于作者水平有限，书中内容难免存在缺点及不当之处，敬请读者批评指正。

作　者

2012年2月

目录

第1章 绪论

矿物地下开采,引起上覆岩层移动、变形和垮塌是必然的现象,称之为开采沉陷[1]。开采沉陷在两方面产生极大的危害[2]:一方面,开采沉陷将直接影响、破坏地下和地面的建筑物、构筑物,从而影响生产的正常进行,威胁人民的生命财产安全;另一方面,开采沉陷破坏地下、地表水系,各种开采溶剂混入其中,对生态环境造成极大破坏,严重影响人民的生活质量,威胁人民的生命安全。具体表现在,使地面标高降低,耕地淹没,山体滑移;位于沉陷区内的铁路、公路、桥梁、隧道、堤坝、输电线路等人工建(构)筑物遭到损害;使含水层水位下降,河流、水库干涸;岩盐卤水上涌污染地下水系,盐碱化土地等。开采沉陷的危害早就引起人们的注意[3]。20世纪30年代至今,矿山开采沉陷及控制的科学技术获得了蓬勃的发展。然而,这些研究基本上是针对地下巷采(主要是煤矿)进行的。虽然巷采的开采沉陷研究仍然有许多亟待解决的问题,但已经有一个较为完备的科学理论体系,其许多研究成果可以应用于岩盐水溶开采沉陷方面。但是由于开采方式的不同,导致水溶开采沉陷与巷采沉陷有许多不同之处,巷采的一些预测理论和方法不能直接用于岩盐水溶开采沉陷。

鉴于此,本书对水溶开采沉陷的机理进行研究,建立水溶开采沉陷预测模型,并分别从力学及安全系统科学的角度建立溶腔稳定性模型及方法。最后将预测模型用于金坛已有储气库的地表变形预测。

1.1 开采沉陷机理和规律

最初的开采沉陷研究基于实测资料,从1858年以来[5],许多学者提出了一些初始的理论。如1858比利时人哥诺(Gonot)提出的"法线理论",认为采空区上下边界开采影响范围可用相应点的层面法线确定。1876德国人依琴斯凯(Jicinsky)提出了"二等分线理论"。1882耳西哈教授提出"自然斜面理论",并给出了从完整岩石到厚含水冲积层的6类岩层的自然斜面角。1923—1932年斯奇米茨(Schmitz)、凯因霍斯特(Keinhost)和巴斯(R. Bals)研究了开采影响的作用面积及分布,并提出了连续影响分布的概念。这些形成了早期有关开采沉陷的机理研究。

从20世纪30年代至今[1]，矿山开采沉陷及防护的科学技术获得了蓬勃的发展。苏联、波兰和德国的学者提出采空区上方覆岩的移动和破坏过程呈现冒落带、裂隙带、弯曲带的“三带”理论，发现和论证了地面下沉的不均匀性对建筑物和构筑物的损害的理论，以及对采空区上覆岩层移动和变形的计算，为开采沉陷学的发展奠定了基础。为了研究矿山开采沉陷规律，我国在煤矿建立了几百个观测站1 000多条观测线，是世界观测数据最多的国家。掌握了地表移动的时间、空间分布规律，获得了水平、倾斜及急倾斜煤层开采沉陷的动态和静态规律，提出冒落带、裂隙带、弯曲带“三带”的经验计算方法，掌握了开采沉陷与地质采矿条件之间的关系。在此基础上，各大矿区均建立了适合本矿区的地表移动参数计算体系和计算方法。制定了适合我国煤矿区的《建筑物、水体、铁路及主要井巷煤柱留设及压煤开采规程》。这些理论和方法，为矿区各类保护矿柱的留设、地下开采对地面建(构)筑物的影响提供了科学依据，保证了地下开采安全。

近年来，初始节理、裂隙对开采沉陷的影响研究受到了空前的重视，随着非线性科学的大力发展，国内外许多学者把非线性理论用于开采沉陷机理研究，得到了长足的进步，取得了丰硕成果。于广明和谢和平用损伤变量来度量上覆岩层中的不规则、多分布的初始节理，根据节理裂隙的分布情况直接解算出岩体损伤变量，并采用相似材料模拟实验得到了地表移动特征值与损伤变量之间的关系[13-16]；与此同时，何满潮、王旭春采用超声波来测定上覆岩体的损伤变量，并给出了损伤岩体弹性模量与无损伤岩体弹性模量之间的计算式，建立了开采沉陷工程岩体的本构关系，为采用有限元方法来模拟上覆岩层的移动、变形和破坏打下了基础[17]。随着开采的进行，采动岩体裂隙分布越来越复杂，于广明和谢和平采用分形维数来描述这时的状况，采用简单的图形分析方法获得上覆岩层的分形维数，并采用相似材料模拟实验得到了开采宽度与分形维数的定量关系，以及地表移动特征值与分形维数之间的定量关系，还初步研究了上覆岩层的自组织特性，建立了离层突变过程的基本力学模式[18]。邓喀中、马伟明结合断裂力学，提出节理岩体的损伤张量来分析节理的受力破坏过程[19-20]。施群德从矿山开采沉陷的非线性机制出发，揭示和研究了矿山开采沉陷采动岩体裂隙分形分布性质及其演化规律[21-24]。

上覆岩层岩性对开采沉陷起决定性作用，然而并不是每层覆岩起的作用都一样，实际上往往是某一层或某几层覆岩起着重要作用，而其他覆岩的影响基本上很小，这就是关键层理论。1996年钱鸣高、缪协兴等首次提出该理论[25-26]。他们建立了关键层的判别准则，深入研究了在关键层的作用下覆岩的变形、离层及断裂的规律。这一理论为开采沉陷离层注浆法找到了理论基础，经过多年的发展，离层注浆已成为一种常用的经济有效的覆岩控制方法[27-29]。

应用力学理论来分析和研究开采沉陷，是困难而又必需的方法。近年来，在这方面的研究也取得了不小进步。黄乐亭以黏弹性基础梁方式建立了地表沉陷的下沉公式[30]。李永树等对上覆岩层下沉和弯曲而引起的地表水平移动机理及岩层间的剪应力对水平移动所起的作用，以及残余水平移动和下沉值的改变伴随着水平移动的改变等问题从力学角度作出了解释[31]。崔希明、杨硕以黏性流体质点运动的观点，利用广义牛顿黏性应力公式，建立了岩层与地表移动的黏塑性模型[32]。靖洪文等结合地下工程破裂岩体特点，采用“非连续变形分析(DDA)”计算程序，定量研究了非连续围岩体位移影响因素的变化规律，根据计算结果提出了地下工程支护“关键部位”的概念及其稳定性判据[33]。何满潮运用现代工程地质学理论和现代数学力学理论,在对采动岩体本构关系进行深入研究的基础上,提出了用“黑箱”问题“灰箱”化的全息反分析法,确定采动工程岩体本构关系及其有关参数[34-35]。实例分析表明,对于复杂岩体结构的开采沉陷问题,能够取得较满意的结果。李云鹏等针对上覆岩体结构的复杂性,将节理、裂隙及正交各向异性岩体视为损伤岩体,建立了裂隙损伤岩体三维动态有限元分析模型,给出了较详细的三维仿真模拟有限元公式,完成了可考虑多种工程因素的三维模拟软件[36]。吴侃等应用相似材料模型实验,研究了开采沉陷在土体中的传递规律[37-38],获得了开采沉陷在土体中传递的一般规律。

柴华彬等独辟蹊径对开采沉陷进行模糊聚类分析,他们从开采沉陷相似理论出发,将全国范围内的开采沉陷相似现象群近似分为3个大类,将第2大类分为6个小类,并得出各类型开采沉陷的基础岩移参数。对开采沉陷的机理研究具有指导性作用[39]。

矿山开采沉陷学是一个涉及众多学科领域的边缘学科,其研究内容繁多复杂,因此,要彻底认识和研究清楚这一复杂现象,控制其对人类的损害,必须借助众多学科的知识。

1.2 开采沉陷预测理论和方法

在开采沉陷的预测理论和方法研究方面,自德国的学者提出垂线理论后,比利时和波兰的学者相继提出了法线理论、剖面函数、影响函数及力学计算方法[40]。目前一般地质采矿条件下缓倾斜矿层开采的地表移动预测可达到的精度:下降预计、水平移动误差为10%,倾斜和水平变形预计的误差为20%,曲率预计的误差为30%。我国学者针对我国煤矿区提出的地表沉陷预测方法有概率积分法、负指数函数法、威布尔分布法,以及对于急倾斜煤层开采的皮尔森Ⅲ型分布等。近年来,随着岩土力学数值计算的发展,采用有限元、边界元、离散元、块体理论等计算岩层及地表移动得到了较大的发展。针对数值计算中岩体参数难以选择的问题,我国学者提出了模式识别和参数识别的方法,进行位移反分析确定参数。对于岩体层面、节理对岩层及地表移动的影响进行了系统的研究,建立了层面滑移函数和层面滑移判断式,为计算层面滑移量和采用有限元计算地表移动时层面位置的设置提供了帮助。针对采动破裂岩体,开展了破裂岩体本构关系对岩层及地表移动影响的研究,采用逐层次计算方法,建立了开采沉陷动态力学模型。该模型初步建立了连续介质与非连续介质之间的耦合关系,与以前的模型相比,不但能计算岩层及地表移动,而且能计算破裂岩体的高度、离层时空发育位置、岩体的动态移动及顶板的断裂步距,是目前较为完善的开采沉陷动力学模型[2]。

随着非线性科学、灰色理论等的发展,许多学者将这些方法应用于开采沉陷的预测。苏美德、赵忠明等采用非色理论的费尔哈斯模型,建立灰色微分方程,来模拟地表移动的时间过程,求得地表移动时间的相应模型[41]。麻风海采用神经网络对开采沉陷进行预测,他将开采沉陷的决定因素分为自然地质因素和采矿技术因素两类[42-43]。王坚等则采用自适应GM(1,1)模型对地表沉降进行预测[44]。尹光志、张东明等对地表沉陷表现出来的分形特征,采用分形插值函数法进行了研究[45]。董春胜等对开采沉陷过程中呈现了众多的复杂性、非线性和破坏性,针对传统三层BP神经网络预测地表沉陷精度较低的实际情况,引入遗传算法来改进BP神经网络,得到了较好的预测效果[46]。

数值计算技术的发展,使数值模拟日渐成为开采沉陷预测的一种有效手段。高明中等运用有限差分法(FLAC),对开采引起的岩体移动和地表沉陷进行了研究,总结出了岩体移动的基本特征和地表沉陷的相关参数[47]。唐又驰、袁灯平等应用 ANSYS 有限元对地表下沉曲线进行模拟研究[48-49]。余学义等将 Sulstowicz A. 假说:下沉盆地体积的增长率与开挖采区未压密的体积成正比,引入预计地表静态位移变形模型中,提出了预计地表剩余位移变形的方法[50-51]。

虽然,涌现出了许多新的开采沉陷预测模型和方法,但概率积分法仍然是应用最方便和最广泛的方法之一。近年来,许多学者应用新的技术和理论,对概率积分法进行改进,使其预测精度不断提高,大有老树新芽之势。吴侃等应用时序分析方法,对开采沉陷动态过程的概率积分法预测参数进行分析,建立动态预测模型,使开采沉陷的相对预计误差一般为 4% 左右,与传统方法相比,预计精度可提高 5% ~ 15%[52]。针对概率积分法中,地表下沉系数的重要性,绉友峰等应用相似理论中的相似第二定律,推导出地表下沉系数的表达式,给出地表下沉系数的具体计算方法[53]。吴侃等在实测数据的基础上,提出了概率积分法的修正公式,通过对概率积分法预测参数的修正和单元水平移动盆地的修正,获得了较高的预计精度[54]。

综上所述,开采沉陷的预计方法大致可分为 4 类:

①经典唯象学方法　这类方法主要是一些经验方法,其特征研究停留在现象的外观描述上,即唯象学研究,绕开岩体本身的结构,从地表观测入手,直接将地表沉陷值与地质采矿因素联系起来,在大量的地表观测资料的基础上,进行统计分析,得到描述地表移动变形的统计方法,这类方法最具代表性的有概率积分法、典型曲线法、负指数函数法等。这类方法只适用于岩体结构比较简单的情况,因其简单易行,得到了广泛的应用,但因回避了岩体的本构关系,在岩体结构复杂的情况下,计算误差较大。

②基于经典力学原理的反分析方法　该方法直接按量测位移求解逆方程得到参数。它利用黑箱原理,进行采动岩体输入输出系统控制,来拟合地表移动曲线。这种方法避免了岩体本构研究,虽然减少了工作难度及时间,但所得到的描述岩体性态模型和参数,只是一种"等效模型"和"等效参数",存在唯一性问题。由于岩体的复杂性,这种方法的实际应用效果不理想,应用很少。

③基于经典力学原理的正演分析法　该方法利用力学原理,通过假设,将岩体简化抽象为一定的力学模型,在此基础上建立岩体的基本微分方程,然后根据给定的边界条件,求解微分方程,得到应力、应变、位移等未知量。该方法因其考虑到岩体的固有属性,能适用于不同岩体采动情况,在一定程度上较为有效地反映出采动岩体的破坏状态,应用较为广泛,也是目前解决复杂条件下开采沉陷问题的常用手段。但这种方法也存在一些问题:参数调整困难、存在敏感性问题;采动岩体复杂,经典力学方法难以处理岩体呈现的不连续性等非线性问题;力学模型经过简化,难以准确反映岩体的真实情况;经典力学固有的缺陷,不能处理大变形问题等。

④基于非线性力学的正演分析法　这种方法克服了第 3 类方法的三、四项缺点。

1.3 开采沉陷控制理论及方法

几乎在人们关注开采沉陷危害时,人们就开始研究开采沉陷的控制方法。人们认识到,矿山开采地表沉陷是覆岩破坏、移动与变形等力学过程在地表的最终显现。为此,应从根本上控制覆岩的下沉。多年来,国内外学者、专家及工程技术人员针对具体的地质采矿条件及保护对象,研究出了许多覆岩控制技术,解决实际工程问题,并取得了良好效果。

(1)**完全充填采空区开采技术**

这是一项在国内外成功的技术。其特点是既减小覆岩破坏力度,又减少地表沉陷量。如果采用密实充填,地表最大下沉量仅为采出矿物厚度的8% ~15%。根据不同情况,可选带状充填、矸石充填、风力充填、水沙充填等。我国抚顺是该技术取得经验最多的矿区,采用水沙充填开采法实现了车辆检修厂、炼油厂等建筑物下的安全采煤;焦作寅马庄矿风力充填保证了村庄下采煤的安全性;蛟河矿采用矸石充填保证了稻田下采煤的安全等。波兰采用充填法采出了建筑物下压煤总量的80%;日本、德国、法国、美国、比利时及苏联等国都获得成功。充填方法的致命缺点是需专门充填系统和设备,并且必须有足够的充料来源。同时工艺复杂,不利于机械化生产,导致生产成本增大20% ~30%[55]等。

(2)**局部开采技术**

局部开采技术主要包括条带开采、房柱式开采、限厚开采及留设保护煤柱等方法。这些方法对于减弱覆岩破坏程度与地表沉陷量、保护地面建筑设施无疑是一种非常有效的措施。

其中条带法开采把要开采的煤层划分为条带进行开采,采一条,留一条,保留的一部分煤炭以煤柱的形式支撑上覆岩层,从而减少覆岩沉陷,控制地表的移动和变形,实现对地面建筑物、构筑物、地形、地貌以及地下结构的保护。条带法按煤层采出部分的顶板管理方式分类,可分为冒落条采和充填条采;按开采方案设计分类,可分为定采留比和变采留比条采;按条带长轴方向分类,可分为倾斜条采和走向条采;按煤柱的尺寸不同分类,可分为大、中、小3种条带类型[56]。

条带开采主要应用于以长壁开采为主的欧洲各采煤国和中国。波兰、英国、苏联等国于20世纪50年代开始应用条带开采法回采建筑物尤其是村镇、城市下的压煤,取得了较为丰富的经验。我国1967年开始应用条带开采法回采建筑物下、铁路下、水体下压煤。

房式及房柱式采煤法的实质是在煤层内开掘一系列宽为5~7 m的煤房,煤房间用联络巷相连,形成近似于矩形的煤柱,煤柱宽度由数米至十多米不等,回采在煤房中进行。煤柱不回收的称为房式采煤法,煤柱回收的称为房柱式采煤法。由于房式采煤法与房柱式采煤法巷道布置基本相似,因此,美国现在将这两种方法统称为房柱式采煤法,前者称为这种采煤法的“部分回采”方式;后者称为这种采煤法的“全部回采”方式[57]。

房柱式采煤法是美国、澳大利亚、南非等国应用比较成熟的一种采煤技术,可以作为一种常规的采煤方法,在煤层赋存不规则的区段使用;也可以作为煤矿地表沉陷控制的开采手段。

我国神府东胜矿区大柳塔矿采用连续采煤机房柱式采煤法,开采不适于布置长壁工作面的边角煤,取得了较好的经济效益;鸡西矿务局小恒山矿将连续采煤机房柱式采煤法应用于薄煤层开采,最高月产达 21 475 t,回采率达 85%;陕西黄陵矿是我国第一个完全采用连续采煤机房柱式采煤法设计的大型矿井,设计采出率达 70% 以上[58]。

在开采范围内每隔一定距离留设一条窄煤柱,称为刀柱。刀柱法只用于煤层直接顶板坚硬的条件,采留比大,一般采 30 ~40 m,留 5 ~8 m,但全采区的煤柱面积与回采面积的比值仍可达 10% ~25%,因此,开采面积小时,减沉效果好,开采面积大时,有时发生切冒,造成地表突然塌陷。如大同姜家湾煤矿采用刀柱法只开采一个煤层,顶板为沙砾岩,该井田范围内有 4 片面积分别为 34、40、50 和 142 万方的回采块段,当煤柱面积与回采面积的比值超过 20% 时,地表无明显下沉。

我国抚顺、阜新、蛟河、鹤壁、丰城等矿区均采用过局部开采法在水体下、工厂、村庄、铁路及隧道下采煤,达到了预期的效果。但其最大缺点是采出率低,一般在 50% 以下,资源浪费严重。

(3)全柱开采法

该方法是在保护煤柱的全部范围内时间上不间歇、工作面之间不间隔地多工作面同时开采,或在主要影响范围内同时开采。使被保护对象处于地表下沉盆地的中间区或压缩变形区之内。在这种情况下,被保护对象只承受动态下沉和动态变形以及最终的均匀下沉的影响,而不承受最终的拉伸变形的影响。

波兰在卡托维茨城下采煤时,在整个城市煤柱内由乌叶克煤矿、哥特瓦尔煤矿和卡托维茨煤矿 3 个煤矿布置互相联系的 3 组阶梯长壁工作面同时开采 1 个煤层或厚度深度近似的 1 个煤层。我国峰峰一矿在辛寺庄村下采煤时,在村下整个煤柱内布置了 7 个工作面同时开采。丰城八一煤矿在村庄下布置两个工作面同时开采,使村下不出现固定开采边界,减少了地表变形[59]。

(4)间隔式跳采法

该方法是采一个面留一个面,使地表下沉分次出现,从而减轻建筑物承受的采动影响。第一次开采时,由于开采面积较小,地表属于非充分采动,下沉与变形值均小于充分采动,如工作面布置合理,建筑物所在地的下沉均匀,变形值的一部分能被第一次开采时的变形值抵消,从而有利于建筑物的保护。

(5)离层充填技术

离层充填技术是在覆岩离层中充填物体,来减缓地表沉陷的技术,该技术是赵德深在 20 世纪 80 年代开发的新技术[60]。其理论可靠、技术路线合理、操作简单、实效显著,于 1992 年获得国家发明专利,目前正在全国范围内推广应用。实践证明,该技术对地面沉陷的控制效果极为显著。

该技术的力学机理是地下煤层采出后,从顶板向上依次形成垮落带、裂缝带和弯曲带。由于煤系地层沉积的分层性,导致不同岩层在结构与岩性上有一定差异,采动覆岩在弯曲沉降过程中将产生不同步,这种不同步弯曲沉降将引起岩层在其层面(或弱面)上产生离层。注浆减沉就是由地表向开采覆岩中某一选定层位(注浆控制层假说)打钻孔,通过注浆管路,依据开采过程中离层形成的动态关系,向离层空间充填易取材料支撑控制层,从而抑制采动空隙向地表传递,达到减缓地表沉陷的目的[61]。徐乃忠等推导出了覆岩离层注浆减缓地表沉陷的动态力学模型,为离层注浆技术打下了理论基础,为提高注浆效果提供了理论依据[62]。

刘文生等在覆岩离层充填技术原理、覆岩离层产生机理和离层分布规律的基础上,分析了离层充填控制地表沉陷技术的工程实施要点,对该技术的设计、施工与应用具有参考和指导意义[63]。姜德义等以矿山开采沉陷理论和弹性薄板理论为基础,提出了覆岩离层注浆沉降计算模型,可以确定上覆岩层离层空间发育的层位和岩层间的最大离层间隙量,并可对覆岩离层注浆开采地表沉降进行量化预计[64]。

我国学者刘天泉曾预测,覆岩离层注浆减缓地表沉陷技术将成为21世纪控制地表沉陷的主要途径之一。

(6)采空区冒落矸石空隙注浆充填

该方法是在采空区冒落矸石之间的空隙未被压实之前注入浆液予以充填,充填材料胶结冒落岩块后,一起支撑上覆岩层,起到控制地表沉陷的作用。

应用该项技术的意义主要在于两个方面:一是作为一项地表沉陷控制措施,对地表沉陷进行控制;二是充填材料选用粉煤灰、煤矿粉碎歼石等工业废物,实现工业废物的地下安全处置,对减少粉煤灰场占用的耕地及环境污染,有重要意义。该技术源于德国,煤炭科学研究总院王建学博士对该技术作了较为系统的研究[58]。

1.4 岩盐水溶开采沉陷

目前矿山开采沉陷的研究工作基本上都是针对地下巷采(采煤)而进行的,由于开采方式的不同,水溶开采沉陷与巷采沉陷有许多不同之处,使岩盐水溶开采沉陷有别于巷采。巷采的一些预测理论和方法不能直接用于岩盐水溶开采沉陷。

然而在岩盐水溶开采沉陷研究方面,国内外学者所作的研究工作十分有限。查阅近年来与岩盐水溶开采有关的国内外文献,绝大多数与利用岩盐溶腔贮存石油、天然气和处置核废料有关[65-75]。德国R. B. Rokahr和美国Chunhe Yang等,长期致力于岩盐蠕变特性研究[66-67],并用数值方法等分析地下溶腔储室的安全性,瑞典Ottoson则利用黏弹性——黏塑性模型来研究岩盐溶腔[76];加拿大Dusseult等人,对于利用岩盐溶腔处置固体有毒及放射性物质的安全可靠性作了广泛研究[72-73,77]。在地下溶腔储室的建造过程中,德国Alheiol等人,用地震波方法监测溶腔的破坏范围,以确保建成溶腔的安全稳定性[79]。西方发达国家从岩盐物理力学特性、溶腔设计,到溶腔建设、储室营运监测,都进行了深入的研究,成功地建造了许多大型地下储室,取得了很好的经济社会效益,但在岩盐水溶开采沉陷方面所作的研究工作则很少。

同样,国内在钻井水溶开采溶腔稳定性方面也取得了不少研究成果。矿山生产现场一般是靠卤水压力的变化、套管的损坏情况以及经验来判定地下溶腔的稳定与否。梁卫国等在群井致裂控制水溶盐矿开采理论与技术研究方面取得了突出的成绩[80]。余海龙把岩盐溶腔顶板看作支承于理想弹塑性双参数基础上的板进行分析,研究了顶板破裂和垮塌条件及顶板破断前后的矿山压力显现规律,并用岩体水力学耦合模型分析了溶腔的稳定性[81]。余贤斌用轴对称线弹性有限单元法,对水溶开采厚岩盐矿体中的溶腔稳定性进行了分析和计算[82]。

在岩盐水溶开采沉陷研究方面,姜德义、刘新荣和谭晓慧等从概率积分角度对岩盐溶腔上覆岩层的移动破坏规律及顶板垮落高度作了一些研究,得出了溶腔形状为倒圆锥体的上覆岩层移动的二维表达式[83-84]。李永山等根据应城盐矿二采基地地表塌陷的事实，经过实际观测与理论分析，得到了云应盐田特有的地质与采矿技术条件下，岩盐采出后岩层与地表移动在时间和空间上所呈现的一般规律[85]。余勇近对薄层复层状岩盐水溶开采的地表沉降规律作了一定的研究工作[86]。

总的来说，在岩盐水溶开采沉陷方面的研究还很不够，有很多问题需要进一步深入研究。

1.5 开采沉陷研究存在的不足及发展趋势

从根本上来看，可以将开采沉陷的研究方法归为两大类：一类以地表移动作为讨论对象，不考虑岩体特性的唯象学理论研究方法，包括几何理论、非连续介质理论（随机介质理论、碎块体理论、空隙扩散理论）及经验型预计方法（典型曲线法、剖面函数法）等；另一类以力学原理为基础的正演法和反分析法，通过研究岩体的力学性质及力学行为来研究开采沉陷现象。

唯象学研究方法中，以地表移动作为讨论对象，计算中选用的参数物理意义不明确，很难反映岩层内部的移动规律。因此，唯象学研究方法不能很好地解释岩层和地表移动的物理、力学本质。

基于力学的正演法和反分析法，应用力学理论研究岩体力学性质及力学行为，主要包括弹性理论、塑性理论、黏弹塑性理论、断裂理论、损伤力学等。

这种方法能对岩层移动过程作出解释，计算中所需参数有各自的物理意义，概念比较清楚。但由于岩体结构及其力学行为、开采实际条件非常复杂，目前还没有成熟的计算岩体力学性态的模型和方法。

事实上，矿山开采沉陷现象十分复杂，影响因素繁多，研究内容广阔。国内外开采沉陷理论的研究正向纵深方向发展，以下是几个发展方向[2]：

①解决复杂地质开采条件下的开采沉陷预测，即从水平和缓倾斜开采沉陷预测到研究急倾斜矿层开采沉陷预测。

②从研究无地质构造、简单的开采沉陷预计到研究有地质构造、复杂地质开采条件的开采沉陷预测。

③从研究静态的开采沉陷预测到动态的开采沉陷预测。

④从经验统计研究方法向力学研究方法发展。

⑤各种研究方法有机结合。

第2章 开采沉陷机理及岩盐水溶开采沉陷特点

开采沉陷是矿物地下开采过程中的必然现象。研究开采沉陷机理，是对这一过程进行准确预测、有效控制的前提和基础。经过多年发展，地下巷采（主要是煤矿）已经有一个较为完备的开采沉陷科学理论体系，其许多研究成果和方法在岩盐水溶开采沉陷研究中可以借鉴。本章在开采沉陷一般规律的基础上充分考虑岩盐水溶开采的实际情况，分析岩盐水溶开采沉陷的特点和难点。

2.1 岩体内应力状态

岩体未经采动，在地壳内三向受力，处于自然应力平衡状态。这时岩体的应力状态主要取决于上覆岩层的容重以及本身的地质结构。如图2.1所示，岩石处于原始应力状态，各表面剪应力基本为零，垂直应力 σ_z、水平应力 σ_x、σ_y 可表示为

$$\begin{cases}\sigma_z = \gamma H \\ \sigma_x = \sigma_y = K\delta_z\end{cases} \tag{2.1}$$

式中　γ——上覆岩层容重；

H——上覆岩层厚度；

K——侧压系数。

考察 x 轴向岩体的变形，σ_z 引起 x 轴向的变形量为 $-(u/E)\sigma_z$，σ_y 引起 x 轴向的变形量为 $-(u/E)\sigma_y$，σ_x 引起 x 轴向的变形量为 σ_x/E，因此总变形量为

$$\varepsilon_x = \sigma_x/E - (u/E)\sigma_z - (u/E)\sigma_y \tag{2.2}$$

岩体没受采动，各个方向受力平衡，因此总变形量为零，则

$$K = \frac{\mu}{1-\mu}$$

式中　μ——岩体泊松比。

可见侧压系数取决于岩体的泊松比，研究表明[1]，泊松比随着垂直压力增大而增大，因此侧压系数也增大，并趋于1。

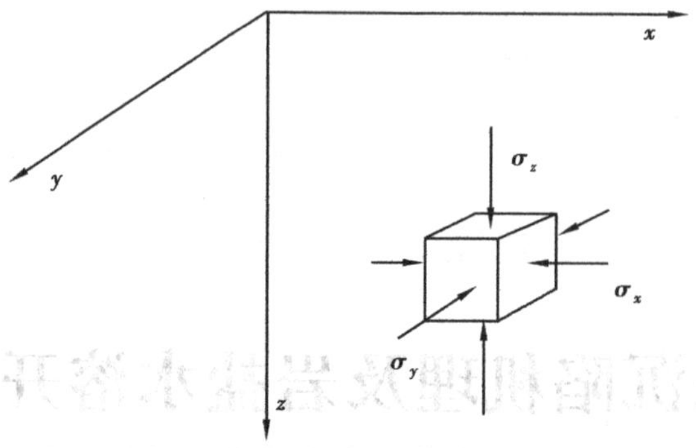

图 2.1　岩体内应力状态

2.2　地下开采引起的岩层移动形式

地下开采后，在原岩体中形成一个空洞，使岩体周围应力平衡被打破，引起应力重新分配，直到形成一个新的平衡，这一过程是个十分复杂的物理、力学变化过程（有时也有化学作用），也是岩层产生移动和破坏的过程，这一过程称为岩层移动，当岩层移动影响到地表引起地表下沉和变形时就变成了地表沉陷。

当矿体被开采出来后，采空区上方顶板在自重力及上覆岩层的重力作用下产生移动和向下弯曲，顶板岩层内产生拉应力，当拉应力大于顶板岩层的抗拉强度时，顶板将首先发生断裂、破碎，并冒落，而老顶岩层则以悬臂梁弯曲的形式沿层理面法相方向移动、弯曲，进而产生断裂、离层等。

随着开采的推移，受采动的岩层范围越来越大，当开采范围足够大时，这种影响将波及地表形成一个比采空区大得多的下层盆地。

研究表明，在整个岩层移动过程中，开采空间周围岩层的移动形式有 6 种[1]。

2.2.1　弯曲

弯曲（见图 2.2）是岩层移动的主要形式。当地下矿物被采出后，上覆岩层中的各个分层，从直接顶板开始沿层理面的法线方向，依次向采空区方向弯曲，直到地表。整个弯曲范围内，岩层可能出现数量不多的微小裂隙，但基本上保持其连续性和层状结构。

2.2.2　冒落

矿物被采出后，直接顶板岩层弯曲而产生拉伸变形。当拉伸变形超过岩石的抗拉强度时，直接顶板及其上部的部分岩层便与整体分开，破碎成大小不一的岩块，无规律地充填采空区。此时，岩层不再保持其原来的层状结构（见图 2.3）。这是岩层移动过程中最剧烈的一种移动形式，它通常只发生在采空区直接顶板岩层中。直接顶板岩层垮落并充填采空区，由于破碎岩体体积增大，导致上部岩层移动逐渐减弱。

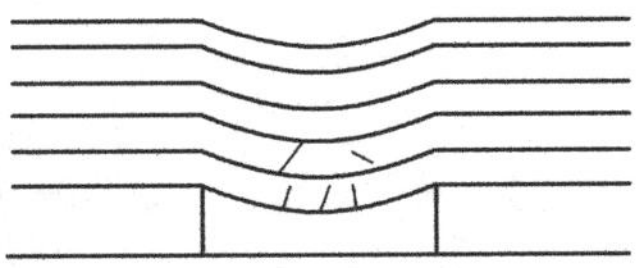

图2.2 矿物开采后岩层弯曲

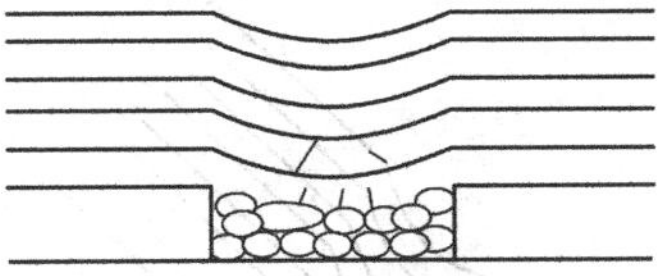

图2.3 矿物开采后岩层冒落

2.2.3 片帮

矿物被采出后，采空区顶板岩层出现悬空，使其上覆岩层压力转移到采空区四周的矿壁上，增加矿壁承受压力，形成增压区，在这种荷载下，矿壁部分被压碎，并挤向采空区（见图2.4）。

2.2.4 滑移

如果上覆岩层的倾角较大，岩石的自重力方向与岩层的层理面不垂直。这时，岩石在自重力和上覆岩层的压力下，除产生沿层面法线方向的弯曲外，还会发生岩沿层理面切向方向的移动。将岩石自重及上覆岩层重力分解成层面法向方向 F_n 和层理面切向方向 F_s，当 F_s 大于岩层层面间的摩擦力时，将产生岩层滑移（见图2.5）。

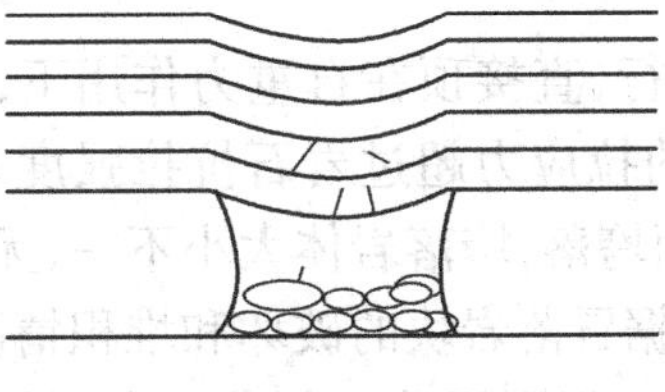

图2.4 矿物开采后形成的片帮

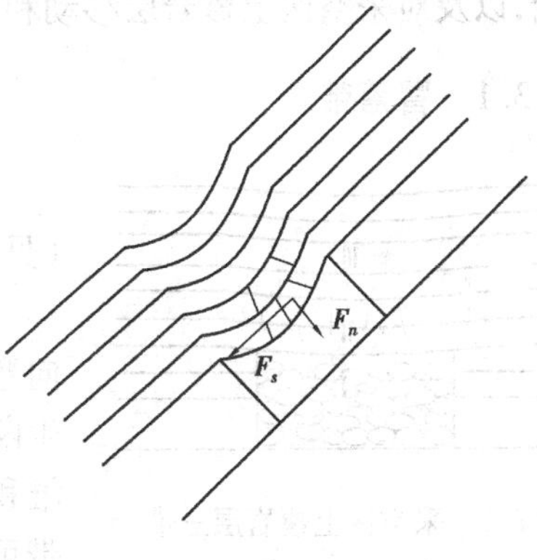

图2.5 矿物开采后岩层滑移

2.2.5 滚动

矿物被采出后，采空区被冒落岩块充填。如果岩层倾角较大，并沿下山开采，将在较低水平形成新的采空区。这时，上面采空区充填的岩块可能滚动到下面的采空区，而使采空区上部扩大，下部空间减小，使采空区上山部分岩层活动激烈，下山部分岩层移动趋缓（见图2.6）。

2.2.6 底鼓

如果底板岩层较软，矿物采出后，底板岩层失去岩石压力，将造成底板岩层向采空区隆起（见图2.7）。

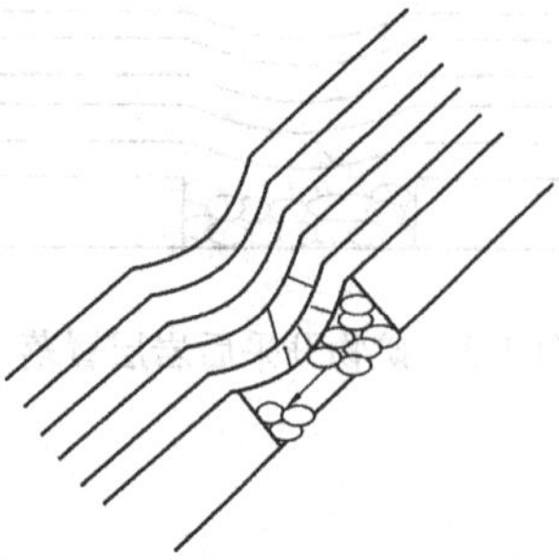

图2.6 矿物开采后冒落岩块滚动

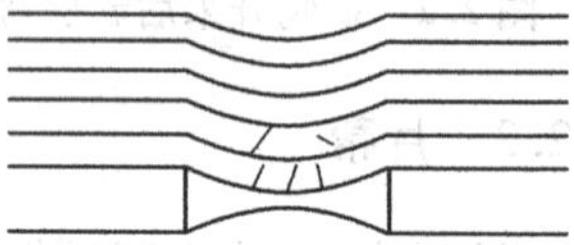

图2.7 矿物开采后岩层底鼓

2.3 岩层移动稳定后采动岩层内的三带

矿物被开采出来后，在岩体内将形成采空区，使上覆岩层应力平衡破坏，岩层将产生移动、变形和破坏。苏联、波兰和德国的学者提出采空区上覆岩层的移动和破坏呈现冒落带、裂隙带和弯曲带的“三带”理论[86]，发现和论证了地面下沉的不均匀性对建筑物和构筑物的损害理论，以及对采空区上覆岩层移动和变形的计算，是开采沉陷学的基础理论。

2.3.1 冒落带

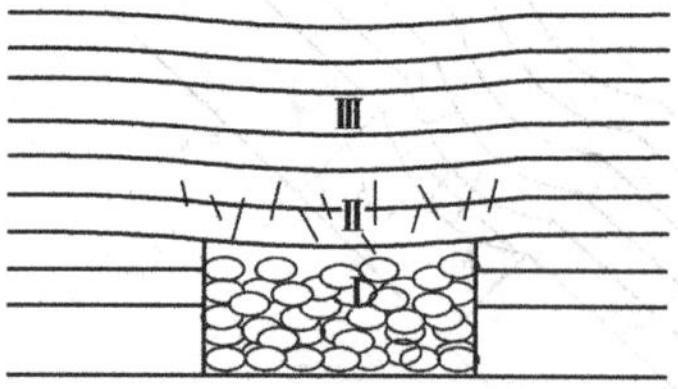

图2.8 采空区上覆岩层三带

冒落带是上覆岩层的破坏垮塌范围，其破坏特点是(见图2.8Ⅰ部分)：

①随着开采的进行，直接顶在自重力作用下，发生法向弯曲，当岩层内部的拉应力超过岩石抗拉强度时，便产生断裂、破碎成块状而垮落，垮落岩体大小不一，无规则地堆积在采空区内。根据冒落岩块的破坏和堆积情况，冒落带可分为不规则冒落和规则冒落两部分。在不规则冒落部分，岩层完全失去了原有的层位，在靠近矿层附近，岩石破碎、堆积紊乱。在规则冒落部分，岩层基本保持原有层次，位于不规则冒落之上。

②冒落岩块具有一定的碎胀性，冒落岩块间空隙较大，连同性好，有利于水、沙、泥土通过。冒落岩体的体积大于冒落前的原岩体积。岩石的碎胀性是使冒落能够自行停止的根本原因。

③冒落岩石具有可压缩性，冒落岩块间的空隙随着时间的延长和采动程度的加大，在一定程度上可得到压实，一般是稳定时间越长，压实性越好，但永远大于原岩体积。

④冒落带高度主要取决于采出矿物的厚度及上覆岩层的碎胀系数，对于巷采通常为采出厚度的3~5倍。顶板岩层坚硬时，冒落带高度增加，对于巷采一般为开采高度的5~6倍；顶板为软岩时，冒落高度为采高的2~4倍。经统计计算经验公式(仅适用于巷采)为

$$h = \frac{m}{(k-1)\cos\alpha} \tag{2.3}$$

式中 h——冒落带高度；

m——开采高度；

k——岩石碎胀系数；

α——岩层倾角。

岩石的碎胀系数取决于岩石的性质，坚硬岩石碎胀系数较大，软岩石碎胀系数较小，但都恒大于1。

2.3.2　裂隙带

在采空区上覆岩层中产生裂隙、离层及断裂，但仍保持层状结构的那部分岩层称为裂隙带（见图2.8Ⅱ部分）。裂隙带位于冒落带和弯曲带之间。裂隙带内岩层产生较大的弯曲、变形及破坏，其破坏特征是：裂隙带内岩层不仅发生垂直于层理面的裂隙或断裂，而且产生顺层理面的离层裂缝。根据垂直层理面裂隙的大小及其连同性的好坏，裂隙带内的岩层断裂又分为严重断裂、一般断裂和微小断裂3部分。严重断裂部分的岩层大多断开，但仍保持其原有层次，裂隙漏水严重。一般断裂部分的岩层很少断开，漏水程度一般。微小断裂部分的岩层裂隙不断开，连同性差。

冒落带和裂隙带合称为两带，又称为冒落裂隙带，在解决水下采矿时，称两带为导水裂隙带。两带间没有明显的界线，均属于破坏影响区，一般上覆岩层离采空区距离越大，破坏程度越小。当采深较小、采厚较大，裂隙带可能发展到地表，甚至冒落带达到地表。这时，地表和采空区连通，地表呈现出坍塌或崩落。

两带高度与岩性有关。经统计分析，对于巷采，一般情况下，软弱岩石形成的两带高度为采厚的9～12倍，中硬岩石为采厚的12～18倍，坚硬岩石为采厚的18～28倍。

2.3.3　弯曲带

弯曲带位于裂隙带之上直至地表（见图2.8Ⅲ部分）。弯曲带内岩层移动特征是：

①弯曲带内岩层在自重力作用下产生层面法向弯曲，在水平方向处于双向受压缩状态，因而其压实程度较好，一般情况下具有隔水性，特别是当岩性较软时，隔水性能更好，成为水下开采的良好保护层，但透水的松散层在弯曲带内不能起到这种作用。

②弯曲带内岩层的移动过程是连续而有规律的，并保持其整体性和层状结构，不存在或极少存在离层裂隙。

③弯曲带的高度主要受开采深度的影响。当采深很大时，弯曲带的高度可能大大超过冒落带和裂隙带的高度之和。此时，开采形成的裂隙不会达到地表，地表的移动和变形相对比较平稳。有时地表也可能因为拉伸而产生一些裂缝，但这些裂缝表现为上大、下小，在一定深度自行闭合而消失，一般不会和裂隙带连通。

2.4　地表移动破坏形式

矿物开采后形成采空区，导致上覆岩层移动，岩层移动发展到地表，导致地表产生移动和变形。开采引起的地表移动和变形受多种地质采矿因素的影响。在采深和采厚比值较大时，地表移动和变形在空间和时间上是连续的、渐变的，具有明显的规律性。当采深和采厚比值较小时（一般小于30）或具有较大的地质构造时，地表移动和变形在空间和时间上将是不连续的，移动和变形的分布没有严格的规律性，地表可能出现较大的裂缝或坍塌坑。地表移动和破坏形式，归纳起来有以下几种形式：

①地表移动盆地　在开采影响波及地表以后，受采动影响的地表从原有标高下沉，从而在采空区上方形成一个比采空区面积大得多的沉陷区域。这种地表沉陷区称之为地表移动盆地。在地表移动盆地形成过程中，将改变原有的地形地貌，引起高低、坡度和水平位置的变化。因此，对于影响范围内的道路、管路、河流、建筑物、地下构筑物、生态等，都将造成不同程度的影响。

②裂缝及台阶　在移动盆地的外边缘区，地表可能产生裂缝。裂缝的深度和宽度，与有无第四纪松散层及其厚度、性质和变形的大小密切相关。若第四纪松散层为塑性大的黏性土，一般当地表拉伸变形超过6～10 mm/m时，地表才产生裂缝。塑性小的沙质黏土、黏土质沙等，地表变形达到2～3 mm/m时，地表即可能产生裂缝。地表裂缝一般平行于采空边界发展。当采深和采厚比值较小时，这种裂缝随着开采的推进而闭合。地表裂缝的形状为楔形，地面开口大，随深度的增加而减小，到一定深度而尖灭。

在采深和采厚比值较小时，地表裂缝的宽度可达数千毫米，裂缝两侧地表可能产生落差。落差的大小取决于地表移动的剧烈程度。

当地表沉陷较大时，地表移动盆地的边缘区可能产生一系列类似地堑式的张口裂缝。相邻两条裂缝发展到一定的宽度和深度后，两条裂缝中间的土层下陷而造成中间低、两侧高的地堑式裂缝。

③坍塌坑　当采深和采厚比值较小时，地表有非连续性破坏，有可能出现漏斗状地表坍塌。

2.5　地表盆地形成机理及特征

2.5.1　地表移动盆地的形成

地表盆地是随着开采过程的进行而逐渐形成的，当开采推进到一定的宽度时，顶板破坏垮塌，波及地表引起地表下沉。然后，随着开采的不断推进，开采宽度的不断增加，地表受影响范围不断增大，在地表就会形成一个比采空区面积大得多的地表沉陷盆地。

图2.9所示展示了煤矿开采地表盆地形成过程。煤矿开采是单向推进，当工作面推进到位置1时，达到启动距（一般$1/4H \sim 1/2H$，H是采深），将形成一个较小的盆地W_1，工作面继续推进到位置2时，在移动盆地W_1的范围内，地表继续下沉，同时在工作面前方原来尚未移动地区的地表点，开始向采空区移动，从而使移动盆地W_1扩大而形成地表移动盆地W_2。随着工作面的继续推进，将相继形成W_3、W_4。工作面回采结束后，地表移动不会立刻停止，还要持续一段时间，在这一段时间内，移动盆地的边界还将继续向工作面推进方向扩展。最后停留在停采线一侧逐渐形成最终的地表移动盆地W_{04}。

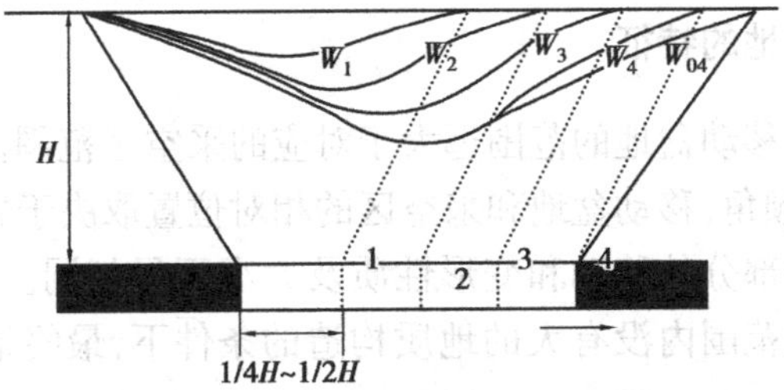

图 2.9　煤矿开采地表移动盆地形成过程

因为水溶开采全向推进，所以岩盐水溶开采地表下沉盆地的形成过程与煤矿巷采有很大的不同。

图 2.10 所示展示了岩盐水溶开采地表盆地形成过程。岩盐水溶开采全向推进，二维图中显示为倒三角形。当水溶开采到位置 1 时，顶板跨距为 L 时（L 为启动距，可能与巷采不一样），将形成一个较小的盆地 W_1，水溶继续到位置 2 时，在移动盆地 W_1 的范围内，地表继续下沉，同时在 W_1 周围原来尚未移动地区的地表点，开始向采溶腔移动，从而使移动盆地 W_1 扩大而形成地表移动盆地 W_2。随着水溶开采的继续，将相继形成 W_3、W_4。水溶开采结束后，地表移动不会立刻停止，还要持续一段时间，在这一段时间内，移动盆地的边界还将继续向四周继续扩展。最后停留在溶腔边界一侧逐渐形成最终的地表移动盆地 W_{04}。

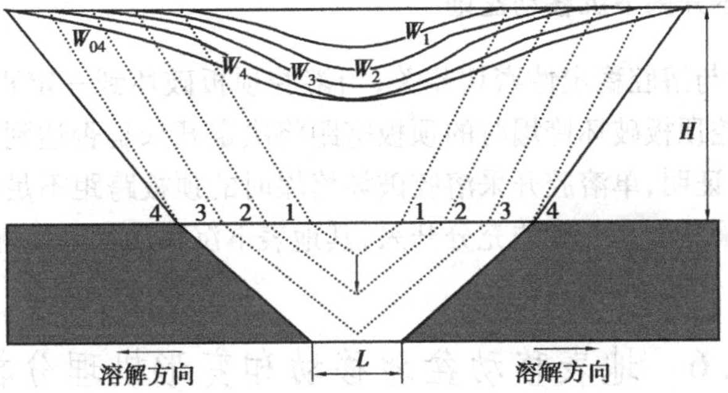

图 2.10　岩盐水溶开采地表移动盆地形成过程

2.5.2　充分采动

充分采动是指矿物开采出来后，地表下沉值达到该地质采矿条件下应有的最大值，此时采动称为充分采动。当地表达到充分采动后，即使继续开采矿物，这部分地表也不会再下沉，地表盆地将出现平底。将地表刚有一个点达到充分采动的情况称为临界开采，地表盆地呈碗形；当有多个点达到充分开采的情况时，称为超充分开采，这时地表移动盆地呈盘形。

2.5.3　非充分采动

采空区尺寸小于该地质开采条件下的临界尺寸时，地表任意点的下沉值均未达到最大下沉值，这种开采称为非充分采动。此时，地表下沉移动盆地呈碗形。

当采空区一个方向达到了开采的临界尺寸，而另一个方向没有达到临界开采尺寸的情况，也属于非充分采动，此时，地表下沉移动盆地为槽形。

2.5.4 地表移动盆地的特征

经验表明，地表下沉移动盆地的范围远大于对应的采空区范围。地表移动盆地的形状取决于采空区形状和岩层倾角；移动盆地和采空区的相对位置取决于岩层的倾角。

在移动盆地内，各个部分的移动和变形性质及大小不尽相同。在采空区上方地表平坦、达到充分采动、采动影响范围内没有大的地质构造的条件下，最终形成的静态地表移动盆地可划分为 3 个区域：

①移动盆地的中间区域　移动盆地的中间区域位于盆地的中央部位，在此范围内，地表下沉均匀，地表下沉值达到该地质开采条件下的最大下沉值，其他移动和变形值近似为零，一般不会有明显裂缝。

②移动盆地的内边缘区　移动盆地的内边缘区一般位于采空区边界和附近最大下沉点之间。在此区域内，地表下沉值不等，地面移动向盆地的中心方向倾斜，呈凹形，产生压缩变形，一般不会出现裂缝。

③移动盆地的外边缘区　移动盆地的外边缘区位于采空区边界到盆地边界之间。在此区域内，地表下沉不均匀，地表移动向盆地中心方向倾斜，呈凸形，产生拉伸变形。当拉伸变形超过一定数值后，地面将产生拉伸裂缝。

2.5.5 岩盐水溶开采下沉移动盆地

水溶开采的进行与溶腔稳定性密切相关，当溶腔顶板破坏到一定程度，水溶开采将不能继续进行。因此，溶腔顶板破坏垮塌时的顶板跨距将决定开采是否达到充分开采。数值分析和相似材料模拟实验证明，单溶腔开采溶腔破坏垮塌时的顶板跨距不足以使开采达到充分采动。因此，单溶腔开采只能是一种非充分开采，其地表下沉移动盆地呈碗形。

2.6 地表移动盆地移动和变形机理分析

2.6.1 单点移动分析

地下开采引起的岩层移动和地表移动过程中一个极为复杂的现象是空间现象，但大量观察资料表明，地表点的移动轨迹取决于地表点在时间空间上与开采面的相对位置（见图 2.11）。一般情况下，处于弯曲带上部的地表各点的移动向量，从它的起、止相对位置来看均是指向移动盆地中央的。从地表移动过程来看，地表点的移动状态可用垂直移动分量和水平移动分量来描述。通常将垂直移动分量称为下沉，水平分量按相对于某一断面的关系分为沿断面方向的水平移动和垂直断面方向的水平移动，分别简称为水平移动和横向移动。

为了便于研究可以将三维空间问题分成沿走向和倾向两个断面的平面问题，然后研究两个断面内的地表点移动和变形（见图 2.12）。

描述地表移动盆地内移动和变形的指标是：下沉、倾斜、曲率、水平移动、水平变形、扭曲和剪切变形等。

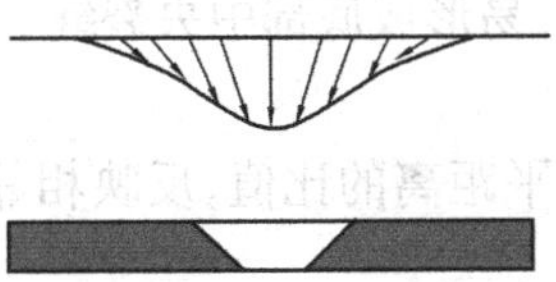

图 2.11　移动盆地内点的移动方向

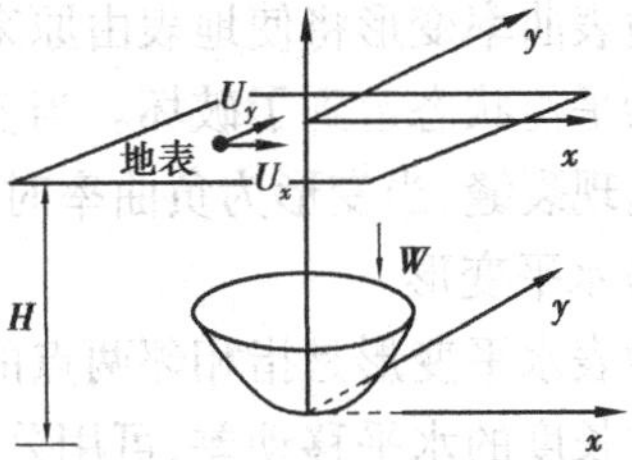

图 2.12　地表点移动分量

2.6.2　主断面地表移动和变形分析及对建筑物的影响

在移动地表内，如图 2.13 所示，取点 2、3、4 进行分析，将 2、3、4 点的移动分解成垂直分量和水平分量，垂直分量分别表示为 W_2、W_3、W_4；水平分量分别表示为 U_2、U_3、U_4。

那么，移动盆地内地表下沉和水平移动公式为

$$W_n = H_{n0} - H_{nm} \tag{2.4}$$

$$U_n = L_{nm} - L_{n0} \tag{2.5}$$

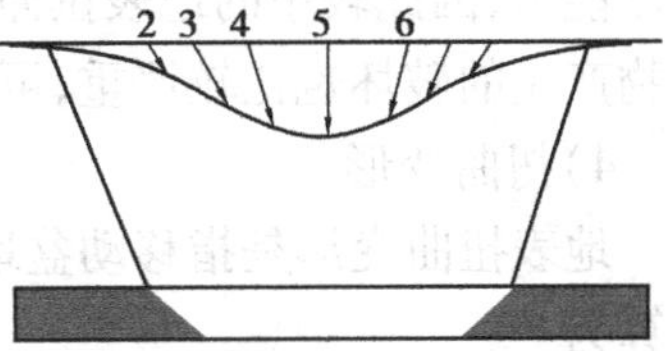

图 2.13　移动盆地主断面点的移动

式中　W_n——地表第 n 点的下沉量；

U_n——地表第 n 点的水平移动量；

H_{n0}、H_{nm}——地表第 n 点在首次和第 m 次的测量高程；

L_{n0}、L_{nm}——地表第 n 点在首次和第 m 次的测量到控制点的水平距离。

由式(2.4)、式(2.5)可以导出倾斜、曲率、水平、扭曲、剪切变形。

1)倾斜变形

地表倾斜变形是指相邻两点竖直方向的相对移动量与两点间水平距离的比值，反映盆地沿某一方向的坡度，因此可得计算公式为

$$i = \frac{W_n - W_{n-1}}{l} = \frac{\Delta W}{l} \quad \text{mm/m} \tag{2.6}$$

式中　W_n、W_{n-1}——相邻两点的下沉值；

l——相邻两点的水平距离。

地表倾斜后，将导致建筑物倾斜，使建筑物重心偏移，产生附加倾覆力矩，承重结构内部将产生附加应力，基地的承压力也将重新分布。特别是对底面积小，较高的建筑物，影响更大。

2)曲率变形

地表曲率变形是两相邻线段的斜率差与两线段中点的水平距离的比值。它反映观测断面上的弯曲程度，公式计算为

$$K = \frac{i_{n-1} - i_n}{\frac{1}{2}(l_{n-1} + l_n)} = \frac{2\Delta i}{l_{n-1} + l_n} \quad \text{mm/m}^2 \tag{2.7}$$

式中　i_{n-1}、i_n——相邻两线段的斜率；

l_{n-1}、l_n——相邻两线段的水平距离。

地表曲率变形将使地表由原来的平面变成曲面形状。这样,建筑物的荷载与土壤反力间的初始平衡状态遭到了破坏。当变形为正曲率时,房屋中央将产生拉应力,易使建筑物顶部中央出现裂缝;当变形为负曲率时,建筑物两端地表应力增大,易形成底部中央裂缝。

3)水平变形

地表水平变形是指相邻两点的水平移动之差与两点间水平距离的比值,反映相邻两测点间单位长度的水平移动差,可用公式计算为

$$\xi = \frac{U_n - U_{n-1}}{l} = \frac{\Delta U}{l} \quad \text{mm/m} \tag{2.8}$$

式中 U_{n-1}、U_n——相邻两点的水平移动值;

l——相邻两点的水平距离。

地表水平变形对建筑物影响较大,尤其是拉伸变形的影响。由于建筑物抗拉能力远小于抗压能力,因此较小的地表拉伸变形就能使建筑物产生裂缝,但如果压缩变形较大时,其使建筑物产生的破坏也比较严重,可使建筑物墙壁、地基压碎,底板鼓起产生剪切和挤压裂纹。

4)扭曲变形

地表扭曲变形是指移动盆地内两平行线段的斜率差与两平行线间距离的比值,可用公式计算为

$$S = \frac{i_{AB} - i_{CD}}{l} = \frac{\Delta i_{AB-CD}}{l} \quad \text{mm/m}^2 \tag{2.9}$$

式中 i_{AB}、i_{CD}——两平行线 AB 和 CD 的斜率;

l——两平行线 AB 和 CD 间的距离。

由于两个横墙处的地表倾斜值不同,导致了地表沿建筑物的纵轴中心线产生了扭曲变形,将使建筑物出现扭转变形。

5)剪切变形

地表剪切变形是指地表下沉盆地内单元正方形直角的变化。可用公式计算为

$$\gamma = \frac{U_{Ax} - U_{Bx}}{l_y} + \frac{U_{Ay} - U_{By}}{l_x} = \frac{\Delta U_x}{l_y} + \frac{\Delta U_y}{l_x} \quad \text{mm/m} \tag{2.10}$$

式中 $\frac{\Delta U_x}{l_y}$——单元正方形在 x 方向的歪斜;

$\frac{\Delta U_y}{l_x}$——单元正方形在 y 方向的歪斜。

当建筑物处于下沉盆地主断面上,但其方位与回采区段走向斜交,或建筑物处于非主断面地区时,在地表剪切变形作用下,房屋的纵横基础间将产生相对转动,从而使房屋改变原有的平面形状。

6)地表下沉对建筑物的影响

一般来说,当地表出现均匀下沉时,建筑物中不会产生附加应力,因而建筑物不会受到损坏。但当下沉量较大,而地下水位又很浅时,可能使建筑物周围长期积水,从而降低地基强度,严重时会损坏建筑物。

2.7　岩体初始损伤对开采沉陷影响的力学机制研究

矿物开采过程中，受采动应力场的影响，采动岩体将发生变形，直至破坏。破坏后的块状围岩将形成稳定的堆砌结构体。随着开采的进行，堆砌体将失去平衡，造成更大范围内的岩体运动，直至再次形成稳定的堆砌结构。这一过程在开采过程中周而复始。

研究表明，在开采沉陷中，岩体中的初始节理和裂隙对开采沉陷有严重的影响。而在地质历史进程中，岩体经历了数次地质构造应力的作用，节理、裂隙逐渐发育，损伤程度愈趋严重。地质历史上的每一次构造运动，都相当于给地壳岩体进行加载，而相邻两次构造运动之间的相对平衡，相当于岩体卸载。加载、卸载周而复始，漫长的地质构造史即为岩体间歇性加载卸载史。

2.7.1　岩体初始损伤对开采沉陷的影响

于广明博士应用相似材料模拟实验对岩体初始损伤对开采沉陷的影响进行了较为系统的研究。

通过回归，得到了岩体损伤量与地表移动值之间的关系[13-16]为

$$\begin{cases} W_{max} = -416.667D^2 - 568.333D + 1\,399.4 \\ q = -0.115\,7D^2 - 0.427\,8D + 0.881 \\ U_{max}^{+} = -358.796D^2 - 176.389D + 386 \\ U_{max}^{-} = -1\,562.5D^2 - 771.677D + 379.3 \\ b^{+} = 0.694\,44D^2 - 0.15D + 0.286 \end{cases} \tag{2.11}$$

式中　D——岩体初始损伤量；

W_{max}——地表最大下沉值；

q——下沉系数；

U_{max}^{+}——正的最大水平移动值；

U_{max}^{-}——负的最大水平移动值；

b^{+}——水平移动系数。

研究表明初始损伤对开采沉陷具有严重影响，损伤岩体采动沉陷值较无损伤岩体采动沉陷值大，其中的垂直移动量主要取决于损伤岩体中初始孔隙在竖直平面内的总占位，其占位越大，下沉值就越大；水平移动量主要取决于损伤岩体中初始孔隙在水平面内的总占位，其占位越大，水平移动值越大。

2.7.2　岩体初始损伤影响开采沉陷的力学机制

从力学角度来讲，岩体的初始损伤，将影响岩体的强度，初始损伤越严重，岩体强度就越低。而对于开采沉陷值来说，开采沉陷的大小取决于上覆岩层破坏后的碎胀系数，碎胀系数越大，开采沉陷值就越小。而岩体的碎胀系数是由破碎岩体的大小确定的，破碎岩体越大，岩

体的碎胀系数就越大。

从上面的分析,可以得到以下结论:

岩体的强度确定破碎岩体的尺寸大小,岩体强度越小,岩体破碎尺寸就越小;反之岩体强度越大,岩体破碎尺寸就越大。

对这一结论,可以如下解释:

将顶板简化为两边固支的梁的理论来计算岩层极限破坏强度,由材料力学可知悬臂梁中的应力为

$$\sigma = \frac{M \cdot y}{J_z} \quad J_z = \frac{bh^3}{12} \tag{2.12}$$

式中 J_z——梁的惯性矩;

y——距离梁中性面的距离;

b——梁的宽度(这里取为单位厚度);

h——梁的高度。

因此,梁中的最大应力为

$$\sigma_{\max} = \frac{M_{\max}}{2J_z}h = \frac{3qL^2}{h^2} = \frac{3\lambda hL^2}{h^2} = \frac{3\gamma L^2}{h} \tag{2.13}$$

式中 q——梁的均布荷载;

L——梁的长度;

γ——岩层材料容重。

由式(2.13)可得,岩层最小破坏尺寸为

$$L = \sqrt{\frac{\sigma_{\max}h}{3\gamma}} \tag{2.14}$$

由式(2.14)可知,岩层最小破坏尺寸由岩层强度、厚度以及岩层的容重控制,岩体强度越大,破坏岩体尺寸就越大,反之亦然。

2.7.3 损伤量的测量方法

从岩体节理、裂隙发育过程来看,岩体具有高度的非规则性,要用数学方法来准确描述物性参数因地而异的变化是不可能的。因此,损伤量的采用,可以用宏观变量来描述岩体的内部纷繁复杂的节理、裂隙结构。在损伤量的影响下,损伤岩体的杨氏弹性模量与无损伤岩体的杨氏弹性模量之间的关系为

$$E^* = (1 - D)E \tag{2.15}$$

式中 E——无损伤岩体的杨氏弹性模量;

D——损伤变量;

E^*——损伤岩体的杨氏弹性模量。

因此,有

$$D = 1 - \frac{E^*}{E} \tag{2.16}$$

按弹性介质无限体中横波传播速度和纵波传播速度公式为

$$\left.\begin{aligned} V_s &= \sqrt{\frac{G}{\rho}} \\ V_p &= \sqrt{(\lambda + 2G)/\rho} \end{aligned}\right\} \tag{2.17}$$

式中 G——岩体剪切模量；

ρ——岩体的密度；

λ——为拉梅弹性常数，$\lambda = 2G\mu/(1-2\mu)$；

μ——岩体泊松比。

由式(2.17)可以解算出：

$$\left.\begin{aligned} G &= V_s^2\rho \\ \mu &= \frac{\frac{1}{2}\left(\frac{V_p}{V_s}\right) - 1}{\left(\frac{V_p}{V_s}\right)^2 - 1} \end{aligned}\right\} \tag{2.18}$$

而

$$E = 2G(1+\mu) \tag{2.19}$$

所以，只要测到了弹性波的横波波速和纵波波速，由式(2.18)和式(2.19)就可以直接解算出被测岩体的杨氏弹性模量。

以室内测定的岩体试件的波速及密度，可算出无损伤岩体杨氏弹性模量 E；以野外测定的岩体波速及密度，可解算出损伤岩体的杨氏弹性模量 E^*。然后由式(2.16)即可得到岩体的损伤变量。

2.8 岩盐水溶开采沉陷的特点分析

由于开采方式的不同，导致水溶开采沉陷与巷采沉陷有许多不同之处，主要表现在以下几个方面：

①开采推进方式不同。水溶开采是全向推进，巷采是单向推进；水溶开采是通过水对岩盐的溶解，来进行矿物的开采。因此，其将向四周同时推进。这样，将导致地表下沉盆地的形成过程有很大的差别。

②开采空间不同。岩盐在各个方向的溶解速率一般都有一些差别，也就是说，水溶开采，在各个方向的推进速度是不一样的。因此，岩盐溶腔（水溶开采空间）的形状很不规则，并且难以控制。同时，岩盐溶腔是不可见的，目前仅能通过声波探测等手段，对其形状和体积进行探测。溶腔形状的不规则性和不可见性给地表移动变形的有效预测带来了难度。

③预留矿柱的难易程度相差很大。因为岩盐的溶解过程很难精确控制，因此水溶开采预留矿柱的难度很大。对于巷采来说，则十分方便，同时巷采还可以采用许多技术措施，如充填法、条带开采等来减小开采沉陷的强度。这样使得水溶开采沉陷的控制更为困难。

④水的影响。在岩盐溶腔中有较高的溶腔水压，压力水会对岩盐的溶解有很好的促进作用，同时水的渗透性对岩盐和顶板的力学性质等有较大的影响。

⑤采深和采厚不同。虽然盐矿和煤矿都是层状矿体，但岩盐的成矿地层一般较煤矿深，

同时岩盐矿层的厚度也较煤层厚。因此,岩盐开采沉陷将更剧烈,破坏性将更大。

⑥岩盐水溶开采沉陷往往是多个独立的溶腔开采的共同结果。

从上面的分析中可以看出,岩盐水溶开采地表沉陷的影响因素更多,预测难度更大,控制更难。巷采沉陷的预测方式和方法不能直接应用于水溶开采沉陷。

第3章 岩盐水溶开采沉陷相似材料模拟实验

相似材料模拟实验自1937年在苏联全苏矿山测量科学研究院首次用于研究岩层与地表移动问题至今，作为室内研究的一种重要手段，具有研究周期短、成本低、成果形象直观等特点，特别是能对影响因素进行重复分析，已被广泛用于矿山开采沉陷规律研究中，与实地观测和理论研究相配合，对指导建筑物下、铁路下、水体下压煤开采实践，发挥了重要作用[87-91]。

该方法根据相似原理在主要满足几何相似和力学相似的基础上，考虑到边界条件和初始条件相似及生产工艺的影响，参照现场实际地质及生产条件，采用与天然矿岩物理力学性质相似的人工材料，按比例做成模型，并在模型中进行采掘实验。观测模型的变形、位移及岩层破坏的发生发展过程，从实验结果按相似原理推测原型中发生的情况。这种方法克服了现场生产中矿山压力显现及上覆岩层移动的"不可见性"，形象直观地反映了矿山生产过程中的力学现象，可在较短的实验周期内，完成整个生产过程的模拟[92]。

3.1 实验目的及方案

3.1.1 实验内容及目的

应用相似材料模拟实验，对岩盐水溶开采沉陷进行研究，主要研究内容有：

①上覆岩层损伤演化过程及规律。

②上覆岩层移动、变形和破坏规律。

③开采沉陷的层面效应及分层特性。

④开采沉陷岩层破碎岩体尺寸特性。

通过对以上内容的研究，再现上覆岩层的移动、变形和破坏过程。获得岩盐水溶开采沉陷上覆岩层及地表变形规律。了解开采沉陷按岩层性质而产生的分层特性及上覆岩层移动变形过程中表现出来的层面效应，这将是地表沉陷的前提条件[93]；得到岩层破碎岩体尺寸与岩层力学性质的关系，以及获得岩层在开采沉陷过程中的损伤演化方程。

3.1.2 实验方案

依据库兹涅佐夫的建议[94]：如果平面应力模型前后垂直暴露面能保持稳定而不破坏，用平面应力模型模拟现场的平面应变情况，就可得到相似的应力和应变分布特征。针对以上研究目的，本文拟采用长1.5 m，宽0.3 m，高1.2 m的转体实验台，作平面应变相似材料模拟实验来进行研究（见图3.1）。该实验台的一端安设有转动轴，模型实验台可在垂直面内转动，可用来模拟缓倾斜盐层。

图3.1　转体模型实验台

模型的载荷主要是自重，为了全面了解上覆岩层的移动、变形和破坏过程，本文模拟全高，模型不用施加外力。

相似材料模拟实验要求模型与原型的岩层厚度，采深以及开采空间的几何尺寸均应满足几何比。一般来说，模型几何比越大，其精度越高，越能反映原型的实际情况，但所需成本和时间也越多。况且，几何比的确定还要受模型的外形尺寸及其稳定性和加载设备等的限制。因此，矿山压力模拟实验一般选取的定性模型几何比为1:200~1:100，定量模型几何比为1:50~1:10。但是，如果采取适当措施，小几何比模型也能保证实验精度。如在水工和土木工程研究中，葡萄牙国家土木工程研究所就用1:500~1:200的小几何比模型进行研究，取得良好效果。清华大学水利系在进行某重力拱坝三维小块体地质模型实验时，就曾采用1:300的小几何比并取得了良好效果。实践证明，只要材料性能合适，在提高加工精度及砌筑工艺水平，采取可靠的加载措施及较高精度的量测设备等技术措施的基础上，适当缩小模型的几何比是可行的[2]。由于本次实验选取的平面实验台，其高度限制了几何比的选取。故本实验采用较好的模拟技术措施和高精度的测量手段，选取模型几何比为1:300。

按实验台尺寸，模型模拟高度为

$$1.2 \times 300 = 360 \text{ m}$$

模拟长度为

$$1.5 \times 300 = 450 \text{ m}$$

模型共14个自然分层，从上到下依次排序，其中第14层为底板岩层，第13层为矿物层（岩盐），12层上覆岩层，各岩层的性质分布如表3.1所示。

表3.1　各岩层物理力学性质

层　号	σ_c/MPa	σ_s/MPa	拉压比	厚度/m
1	119	10	0.084	21
2	76	10	0.132	24
3	136	10	0.074	42
4	134	14	0.104	18
5	63	10	0.159	15
6	113	11	0.097	18
7	123	15	0.121	15
8	165	19	0.115	51
9	82	11	0.134	9
10	63	14	0.222	21
11	113	11	0.097	30
12	123	10	0.081	21
13(岩盐)	23	1	0.043	30
14(底板)	123	10	0.081	45

3.1.3　实验设备及耗材

所需实验设备有相似材料模拟实验台、EMS-2型工程多波地震仪、高解析度数码相机、笔记本电脑、摄像头、小钢尺及各种连线等。

所需耗材有河沙、石膏、石灰、染料、水等。其中,河沙为骨料,石灰、石膏为胶结物,染料用于区分岩层。

3.2　测量系统

本文实验测量的数据有开采过程中模型的力学参数及岩层损伤情况;上覆岩层的位移情况;上覆岩层的移动、变形、破坏过程等。针对这些目的,采用了以下测量方法:

3.2.1　模型力学参数及损伤量测量

本文采用声波测量方法来对开采过程中岩层的力学参数及岩层的损伤演化情况进行测量。使用EMS-2型工程多波地震仪(见图3.2),测定每次开采后岩层的纵波波速和横波波速,然后解算出岩层的力学参数和损伤情况。

图 3.2　EMS-2 型工程多波地震仪

EMS-2 型工程多波地震仪适用于多波分量地面勘探,多波联合勘察,瑞雷波勘探等。可以实现许多测量功能,本文主要采用该仪器来实现相似模型在开采的影响下,力学参数的变化过程及岩层损伤量演化过程。

(1)仪器可行性

本文要测量的是模拟模型,相比实体在几何尺寸上要小很多。因此,对仪器的采样时间间隔有较高的要求。声波在模型中的传播时间为

$$t = h/v \tag{3.1}$$

式中　t——声波在模型中的传播时间;

h——声波传播的距离,取 1.5 m;

v——声波在模型介质中的传播速度,取均值约 3 000 m/s。

那么,$t = 1.5/3\ 000 = 0.000\ 5\ \text{s} = 0.5\ \text{ms}$。

要求仪器的采样间隔必须小于 0.5 ms,EMS-2 型工程多波地震仪的采样时间间隔最小可设置为 0.02 ms,因此能够满足测量要求。

(2)测量原理

仪器由震源(锤击或其他方式)激发产生的弹性波经过一定的路径传播到达检波点,检波器的三分量传感器将振动信号转换为相应的电信号,并送入智能采集板的 3 个对应通道,经多路选择器和两级程控放大器后,进入高精度 ADC 被转换为数字信号,并存储,等待主机发出取数命令后,发送到主机在高速闪存中存储。信号流程图如图 3.3 所示。

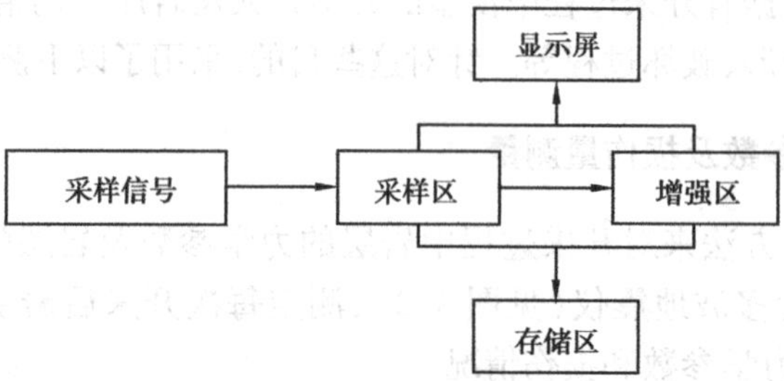

图 3.3　信号流程图

测得了岩层的纵波波速和横波波速，就可以用式(3.2)计算出被测模型中的杨氏弹性模量E^*、剪切模量G、泊松比μ以及模型的损伤变量等。

$$\left.\begin{aligned} G &= V_s^2\rho \\ \mu &= \frac{\frac{1}{2}\left(\frac{V_p}{V_s}\right)-1}{\left(\frac{V_p}{V_s}\right)^2-1} \\ E^* &= 2G(1+\mu) \\ D &= 1-\frac{E^*}{E} \end{aligned}\right\} \tag{3.2}$$

式中　V_s——横波波速；

ρ——岩体密度；

G——岩体剪切模量；

V_p——纵波波速；

μ——岩体泊松比；

E^*——损伤岩体的杨氏弹性模量；

E——无损伤岩体的杨氏弹性模量，可用岩石试件在实验室测得；

D——岩体损伤量。

3.2.2　岩层位移测量方法及原理

位移测量是模型实验的一项基本观测，是进一步分析研究模型对象力学行为的基础。传统的位移测量方法通常是物理测量或机械测量方法。这些方法的缺点有[95]：

①传感器与实验体接触，对实验体的物理性能有一定的影响，安装也比较麻烦。

②传感器的量程有限，只能测量小范围的位移量。

③采样点有限，不能全方位反映模型的位移状况。

④可靠性存在一定问题。

因此，本实验采用数字近景摄影测量方式。这种方法是一种非接触式三维测量方法，可以克服传统位移测量法的缺点，并具有测量精度高，方便易行等优点。

(1)数字近景摄影测量的原理[95-99]

数字近景摄影测量过程如下(见图3.4)：将模型初始状态和每步开挖后的状态用数码相机拍摄下来，并转存到计算机上；对每张相片中的各测点进行坐标测量；对相同开挖状态下所拍摄的相片进行各相片间的相对定向，形成各独立相对的独立模型；通过各独立模型的变换进行模型连接，建立统一的整体模型；通过空间相似变换和绝对定向，实现实际坐标的计算，并将初始状态及各步开挖状态下的各测点的坐标统一到同一坐标系中；将每步开挖状态下的各测点的坐标值与初始状态下

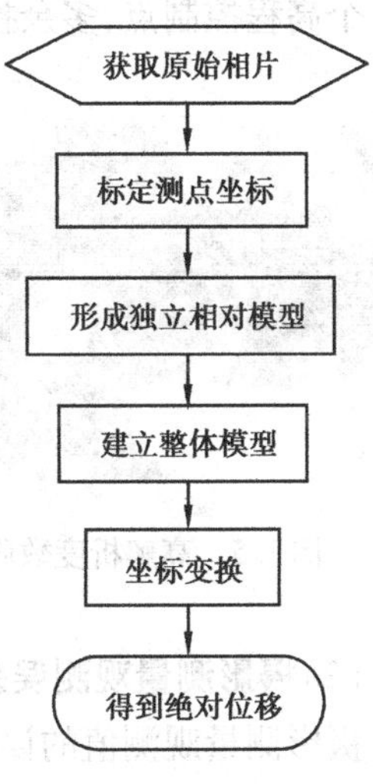

图3.4　数字近景摄影测量过程

的坐标值相减，即得到不同开挖状态下各测点的绝对位移。

在进行相片解析以获取位移信息时，当形成立体相对的两张相片的内、外方位元素未知时，可采用单相空间后方交会解算求得其内、外方位元素。当内、外方位元素已知时，可通过相空间前方交会由地面上某点 M 和相坐标求出其物方坐标，但每张相片均需要5个以上的物方控制点。

相对定向的共面条件为

$$F = \begin{vmatrix} B_X & B_Y & B_Z \\ X_1 & Y_1 & Z_1 \\ X_2 & Y_2 & Z_2 \end{vmatrix} = 0 \tag{3.3}$$

式中 X_1,Y_1,Z_1——相片1的相点在其相空间坐标系中的空间坐标；

X_2,Y_2,Z_2——相片2的相点在其相空间坐标系中的空间坐标；

B_X,B_Y,B_Z——相片2的主点在相片1的相空间坐标系中的空间坐标。

将式(3.3)线性化后即可得到用于相对定向的共面观测方程，并通过相对定向形成各相对的独立模型。相对定向不需要按常规方法由左向右依次进行，而是经过判别程序选择最佳组合。这样，设站位置和摄影方向可以任意选择。

相对定向后，通过对各独立模型的变换进行模型连接，建立整体模型。由此所得到的整体模型只是与实体相似，需经过空间相似变换和绝对定向实现与地面坐标的相连。设某点地面坐标为 $X_M=(X_M,Y_M,Z_M)^{\mathrm{T}}$，相空间坐标为 $X=(X,Y,Z)^{\mathrm{T}}$，则由模型坐标转换为地面坐标的空间相似变换关系表示为

$$X_M = \lambda AX + \Delta X \tag{3.4}$$

式中 A——由3个空间旋转角所构成的旋转矩阵；

$\Delta X=(\Delta X,\Delta Y,\Delta Z)^{\mathrm{T}}$——3个坐标平移量；

λ[95-99]——缩放系数。

求解这7个变换参数至少需要7个误差方程式，即在整体模型中有两个空间坐标控制点和1个高程控制点，多余控制点可以提高解算精度。如果实际问题中不需要与地面坐标系连接，则只要1条已知边长和1个已知方向即可完成定向。

图3.5 高解析度数码相机

计算中采用光束法平差，由于误差主要来自镜头畸变和相机的分辨率，所以计算中加入自检校平差，以便对镜头畸变进行修正。

上述相片解析方案使得实地工作时可采用任意方式摄影，大大降低了对作业环境的要求。

实验中使用高解析度数码相机（见图3.5），进行镜头矫正后平均分辨率可达0.1 mm左右。

(2)摄影测量观测误差及矫正

摄影测量观测值的误差一般包括系统误差、偶然误差和失误误差。系统误差主要是由相机本身的镜头畸变误差、镜头保护玻璃偏斜引起的光学误差及用作参照物的小钢尺的刻度误

差等引起的。由于像点坐标中包含的系统误差与偶然误差是混杂在一起的，当量测误差较大时，不易对系统误差进行改正。只有当像素点密度较大时，才能有效地进行系统误差修正。

相片的系统误差是相片坐标的函数，对于数码相机而言，不存在相片变形，系统误差主要是由镜头畸变所引起的。一般中、低档相机的镜头畸变都较大，必须通过建立较多的物方控制点来求得镜头畸变参数，本文采用3参数修正模型表示为

$$\left.\begin{aligned}\Delta x &= x\left(K_1\frac{xy}{R}+K_2R^2\right)\\ \Delta y &= y\left(K_1\frac{xy}{R}+K_2R^2+K_3\right)\end{aligned}\right\}\tag{3.5}$$

式中　$\Delta x,\Delta y$——镜头畸变产生的修正值；

x,y——某一测点的像平面坐标值，$R=\sqrt{x^2+y^2}$；

K_1,K_2,K_3——镜头矫正参数，为常数。

实验中使用的数码相机，经实验测得镜头矫正参数 K_1,K_2,K_3 分别为0.000 043 12、-0.000 097 81、-0.017 354 15。

3.3　相似原理及相似准则

3.3.1　相似原理

所谓相似，就是在同一特征现象中，如果表征现象的所有量，在空间相对应的各点和在时间上相对应的各瞬间，各自互成一定的比例[94]。现象相似的性质和被研究的现象之间的相似特征及联系可用相似定理来表示。

相似第一定理：对相似的现象其相似指标等于1。

相似第二定理：设一个物理系统有几个物理量，其中有 K 个物理量的量纲是相互独立的，那么这个物理量可以表示成相似准则 $\pi_1,\pi_2,\pi_3,\cdots,\pi_n$ 之间的函数关系式。

相似第三定理：对于同一类物理现象，如果单值量相似，而且由单值量所组成的相似准则在数值上相等，则现象相似。

相似第一定理说明了相似现象具有什么样的性质；第二定理说明了个别现象的研究结果如何推广到所有的相似现象中去；第三定理说明了满足什么样的条件才能实现现象间的相似。

3.3.2　量纲分析法及步骤

量纲分析法是以量纲方程为核心，以方程的齐次性为依据而进行的，其理论基础包括量纲齐次方程的数学理论和相似第二定理即 π 定理。

若物理方程 $f(x_1,x_2,\cdots,x_p)=0$ 共含有 p 个物理量，其中 r 个是基本量，并保持量纲的协调性，则可写为

$$F(\pi_1, \pi_2, \cdots, \pi_{p-r}) = 0 \tag{3.6}$$

式中　$\pi_1, \pi_2, \cdots, \pi_{p-r}$——物理方程中的物理量所构成的无量纲量，称为相似判据。

量纲分析法步骤如下：

①从 $x_1, x_2, \cdots, x_p$ 中按不同量纲选取 r 个，组成基本量群。要求这些参数是基本量纲或不能互相导出的量纲，且每个基本量纲在所选的 r 个物理量中至少出现一次。

②将基本量群中的量纲的幂相乘作为分母。

③将其他没被选入量群的物理量分别作为分子，构成 $p-r$ 个分式，每个分式为无量纲量，即相似判据 π。

3.3.3　相似准则

由于矿山地质条件非常复杂，在开采过程中影响地表沉陷的因素很多，在实验中不可能全面实现。如寻求围岩相对移近量 ΔH 的函数表达式，在考虑其主要影响因素的前提下，可用函数关系式[101-107]表示为

$$\Delta H = f(L_1, L, E, \sigma, \gamma, \gamma', Q, t, t_0, \eta, \phi, \mu) \tag{3.7}$$

式中　H——开采层深度；

L——几何特性；

E——岩石的弹性模量；

σ——岩石强度特征，它可以是抗拉、抗压、抗剪强度；

γ——岩石容重；

γ'——岩盐容重；

Q——岩盐支承反力；

t——总的变形时间；

t_0——岩石蠕变时间；

η——岩石动力黏滞系数；

ϕ——岩石的内摩擦角；

μ——岩石的泊松比。

按量纲原理，式(3.7)可改写成无量纲的形式为

$$\frac{\Delta H}{H} = \varphi\left(\frac{H}{L}, \frac{\gamma}{\gamma'}, \frac{\gamma H}{E}, \frac{\gamma H}{\sigma}, \frac{Q}{\gamma H^3}, \frac{Q}{EH^2}, \frac{t}{t_0}, \frac{\eta}{Et_0}, \frac{\eta}{\gamma t_0 H}, \varphi, \mu\right) \tag{3.8}$$

式(3.8)的无量纲化无论在什么测试系统中都应成立。按照相似原理，无量纲化就是相似准则，而模型与原型的相似准则，在数值上必须相等。因此，由式(3.8)可得到相似准则为

$$\left(\frac{H}{L}\right)_p = \left(\frac{H}{L}\right)_m \quad 或 \quad \frac{H_m}{H_p} = \frac{L_m}{L_p} \tag{3.9}$$

$$\left(\frac{\gamma}{\gamma'}\right)_p = \left(\frac{\gamma}{\gamma'}\right)_m \quad 或 \quad \frac{\gamma_m}{\gamma_p} = \frac{\gamma'_m}{\gamma'_p} \tag{3.10}$$

$$\left(\frac{\gamma H}{E}\right)_p = \left(\frac{\gamma H}{E}\right)_m \quad 或 \quad \frac{E_m}{E_p} = \frac{\gamma_m}{\gamma_p} \cdot \frac{H_m}{H_p} \tag{3.11}$$

$$\left(\frac{\gamma H}{\sigma}\right)_p = \left(\frac{\gamma H}{\sigma}\right)_m \quad 或 \quad \frac{\sigma_m}{\sigma_p} = \frac{\gamma_m}{\gamma_p} \cdot \frac{H_m}{H_p} \tag{3.12}$$

$$\left(\frac{Q}{\gamma H^3}\right)_p = \left(\frac{Q}{\gamma H^3}\right)_m \quad 或 \quad \frac{Q_m}{Q_p} = \frac{\gamma_m}{\gamma_p} \cdot \frac{H_m^3}{H_p^3} \tag{3.13}$$

$$\left(\frac{Q}{EH^2}\right)_p = \left(\frac{Q}{EH^2}\right)_m \quad 或 \quad \frac{Q_m}{Q_p} = \frac{E_m}{E_p} \cdot \frac{H_m^2}{H_p^2} \tag{3.14}$$

$$\left(\frac{t_0}{t}\right)_p = \left(\frac{t_0}{t}\right)_m \quad 或 \quad \frac{t_{0m}}{t_{0p}} = \frac{t_m}{t_p} \tag{3.15}$$

$$\left(\frac{\eta}{Et_0}\right)_p = \left(\frac{\eta}{Et_0}\right)_m \quad 或 \quad \frac{t_{0m}}{t_{0p}} = \frac{E_p}{E_m} \cdot \frac{\eta_m}{\eta_p} \tag{3.16}$$

$$\left(\frac{\eta}{\gamma t_0 H}\right)_p = \left(\frac{\eta}{\gamma t_0 H}\right)_m \quad 或 \quad \frac{t_{0m}}{t_{0p}} = \frac{\gamma_p}{\gamma_m} \cdot \frac{H_p}{H_m} \cdot \frac{\eta_m}{\eta_p} \tag{3.17}$$

$$\mu_p = \mu_m \tag{3.18}$$

$$\phi_p = \phi_m \tag{3.19}$$

式中 m、p——模型(model)和原型(prototype)。

式(3.9)至式(3.19)表明了模型与原型相似时,理论上应满足的相似准则。然而,在实验中要满足所有的相似准则是不可能、也是没有必要的。只要抓住物理过程的实质,满足其主导相似准则即可。在研究开采沉陷的相似材料模拟实验中,几何相似、动力相似和时间相似是最主要的。本章的实验在考虑边界条件和初始条件的前提下,主要满足几何、动力、时间相似准则。

3.4 相似比的确定

几何比:几何相似,要求模型和原型的尺寸比例为常数,即

$$\frac{L_m}{L_p} = \frac{H_m}{H_p} = \alpha_l = 常数 \tag{3.20}$$

常数 α_l 的选择根据研究的问题和实验条件而定,α_l 确定后,模型和原型所有对应的线性特性之比都应等于此值。本次实验中,$\alpha_l = 1/300$。

时间比:在相似材料模拟实验中,时间比反映了模型和原型运动相似的条件。因原型和模型都在重力场作用下,二者的自由落体运动可用公式表示为

$$L = \frac{1}{2}gt^2$$

由于重力加速度是相同的,故

$$\frac{L_m}{L_p} = \frac{t_m^2}{t_p^2}$$

即

$$\alpha_l = \alpha_t^2$$

$$\alpha_t = (\alpha_l)^{\frac{1}{2}} = \left(\frac{1}{300}\right)^{\frac{1}{2}} = \frac{1}{(300)^{\frac{1}{2}}} \tag{3.21}$$

动力比:动力相似要求模型和原型在对应点和对应时刻,所受的力互成一定的比例。在实验中反映力的特征主要是容重和强度。

容重比:从式(3.10)中可得

$$\alpha_\gamma = \frac{\gamma_m}{\gamma_p} = \frac{\gamma'_m}{\gamma'_p} \tag{3.22}$$

按相似准则,要求所有的岩层容重之比都相等,即

$$\frac{\gamma_m}{\gamma_p} = \frac{\gamma_{1m}}{\gamma_{1p}} = \frac{\gamma_{2m}}{\gamma_{2p}} = \cdots = \frac{\gamma_{nm}}{\gamma_{np}} = \alpha_\gamma \tag{3.23}$$

对于沉积岩层,其容重差异并不大,取其平均容重为 $\gamma_p = 2.5\ g/cm^3$,且选 $\alpha_\gamma = 0.6$,则

$$\gamma_m = \gamma_p \cdot \alpha_\gamma = 1.5\ g/cm^3$$

强度比:由式(3.11)有

$$\frac{\sigma_m}{\sigma_p} = \frac{\gamma_m}{\gamma_p} \cdot \frac{H_m}{H_p} = \alpha_\gamma \cdot \alpha_L \tag{3.24}$$

式中,σ 为强度特性,可以是抗拉强度、抗压强度、抗剪强度及弹性模量。按准则,应满足所有的强度特性,但现有的相似材料还没有达到如此高的相似程度,而且根据资料[102-103]表明,只要其主要特征量满足式(3.24)即可。考虑到溶腔顶板的破坏及围岩的变形特性,本实验以岩石的单轴抗拉强度、抗压强度为主要特征量。

3.5 材料配比实验

在相似材料模拟实验中,相似材料的选择是非常重要的,它直接影响着模型实验与原型的相似程度。一般而言,相似模型材料应满足下列要求:

①材料的某些力学性质与岩石相似。

②力学性质稳定,不易受外界条件的影响。

③改变材料配比,可使材料的力学性质有较大的改变。

④模型制作方便,凝固时间短。

⑤来源丰富,价廉且对人体无害。

考虑到这些要求,选择了河沙作为骨料,石灰、石膏为胶结物的混合材料作为相似材料。

在实验室作了材料的抗拉、抗压强度及容重实验,通过对千余块试件进行测试,获得了沙胶比(沙:石灰、石膏)从4:1至15:1的抗拉、抗压强度,实验结果见表3.2所示。

配比号的含义:后面两位是黏结物石灰和石膏的比例,分别用 h 和 g 表示,前面的位数是沙的含量,用 s 表示。那么,混合物总份数为 $s+h+g$,其中 $h+g=1$。

实验结果表明,随着沙胶比的增大,相似材料的强度减小,拉压比有加大趋势;在沙胶比

一定的情况下，调节胶结物的比例也可改变材料强度（见图 3.6）；相似材料成型以后，随着放置时间的增长，含水率降低，力学性质随之变化（见图 3.7）。

表 3.2　相似材料配比实验结果

配比号	σ_c /×10^{-1} MPa	σ_s /×10^{-1} MPa	配比号	σ_c /×10^{-1} MPa	σ_s /×10^{-1} MPa	配比号	σ_c /×10^{-1} MPa	σ_s /×10^{-1} MPa
328	2.875	0.360	337	2.925	0.430	346	4.160	0.802
355	4.825	0.972	364	4.875	1.218	373	4.915	1.636
382	5.685	1.840	426	2.380	0.304	437	2.601	0.214
440	3.350	0.404	455	3.445	0.710	464	3.096	0.724
473	4.471	0.760	482	5.500	0.964	528	1.687	0.289
537	1.805	0.374	546	2.387	0.430	555	3.073	0.560
564	3.571	0.634	573	3.906	0.717	582	4.744	0.720
628	1.636	0.296	637	1.832	0.322	646	1.963	0.369
655	2.834	0.433	664	3.155	0.540	673	3.897	0.550
682	4.241	0.601	728	1.441	0.260	737	1.009	0.310
746	1.912	0.341	755	2.384	0.420	764	2.864	0.446
773	3.340	0.518	782	4.047	0.560	828	1.383	0.248
837	1.842	0.306	846	1.884	0.324	855	2.045	0.352
864	5.904	0.401	873	3.040	0.468	882	3.855	0.547
928	1.345	0.243	937	1.040	0.280	948	1.737	0.322
955	1.973	0.344	964	2.185	0.372	973	2.287	0.464
982	2.535	0.516	1 028	1.343	0.238	1 037	1.672	0.302
1 046	1.665	0.308	1 055	1.863	0.336	1 064	1.888	0.364
1 073	2.045	0.450	1 082	2.250	0.502	1 128	1.228	0.219
1 137	1.532	0.269	1 146	1.601	0.311	1 155	1.679	0.218
1 184	1.791	0.355	1 173	1.842	0.412	1 182	2.100	0.473
1 228	1.001	0.203	1 237	1.355	0.245	1 248	1.470	0.302
1255	1.663	0.325	1 264	1.772	0.342	1 273	1.804	0.404
1 282	2.040	0.443	1 428	0.791	0.140	1 628	0.531	0.094
1 828	0.180	0.032						

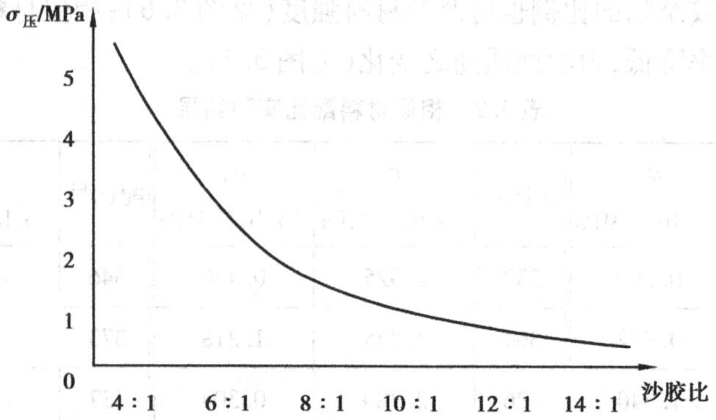

图 3.6　沙胶比对抗压强度的影响

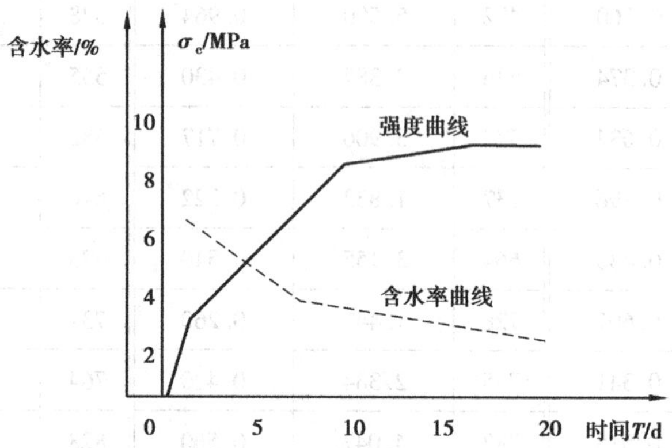

图 3.7　相似材料强度与含水率的关系

为了满足动力相似，由式(3.24)和式(3.12)可得

$$\sigma_m = \frac{L_m}{L_P} \cdot \frac{r_m}{\gamma_p} \cdot \sigma_P = \alpha_L \cdot \alpha_\gamma \cdot \sigma_p \tag{3.25}$$

将 σ_p 分别代入各岩层的抗拉、抗压强度，即可求出相应的模型材料所需的强度指标，然后从材料配比实验结果中选出满足或基本满足强度指标的材料比例，最后根据模型中岩层的体积、容重和材料比例计算出各分层所需的材料重。各岩层的质量用公式计算为

$$W = hDB\gamma_m \tag{3.26}$$

式中　h——分层厚度，单位 cm；

D——模型宽度，单位 cm；

B——模型长度，单位 cm；

γ_m——分层容重，单位 kg/cm^3。

由式(3.25)计算出各分层材料的强度，然后根据表 3.2 查取配比号。

设相似材料的质量配比为沙：石膏：石灰 $=A:B:(1-B)$，含水率 $q=0.1$，那么每个分层材料的质量计算：

沙重为

$$W_1 = \frac{A}{A+1}W \tag{3.27}$$

石膏重为
$$W_2 = \frac{B}{A+1}W \tag{3.28}$$

石灰重为
$$W_3 = \frac{1-B}{1+A}W \tag{3.29}$$

水重为
$$W_4 = Wq \tag{3.30}$$

计算结果如表3.3所示。

表3.3　模型实验材料配比表

层号	厚度 /cm	容重 $(g \cdot cm^{-3})$	配比号	总重 /kg	沙 /kg	石膏 /kg	石灰 /kg	水 /kg
1	7	1.5	1 082	47.25	42.95	3.44	0.86	5.25
2	8	1.5	1 246	54.00	49.85	1.66	2.49	6.00
3	14	1.5	982	94.50	85.05	7.56	1.71	10.50
4	6	1.5	428	40.50	32.40	1.62	6.48	4.50
5	5	1.5	1 028	33.75	30.68	0.61	2.45	3.75
6	6	1.5	855	40.50	36.00	2.25	2.25	4.5
7	5	1.5	1 082	33.75	30.68	2.45	0.62	3.75
8	17	1.5	873	114.75	102.00	8.93	3.83	12.75
9	3	1.5	1 137	20.25	18.56	0.51	1.18	2.25
10	7	1.5	1 028	47.25	42.95	0.86	3.44	5.25
11	10	1.5	855	67.50	60.00	3.75	3.75	7.5
12	7	1.5	973	47.25	42.53	3.31	1.42	5.25
13	10	1.5	1 628	67.50	63.53	0.79	3.18	7.5
14	15	1.5	973	101.25	91.13	7.09	3.04	11.25
合计	120			810.00	728.31	44.83	36.7	90

3.6　模型制作

模拟实验台兼作模具。制模时，前表面用木板封闭，木板上标注好每一层岩层的厚度。按表3.3所示的配比称好各材料的质量、搅匀，逐层装入模型架中，并夯实到标注的刻度。在层理间加入适量的云母粉和滑石粉模拟自然层理，并在每一分层中加入少量云母片模拟初始节理、裂隙等弱面。装入材料的同时，后表面的木板也随着材料增高逐渐封闭。为了减少摩擦，在模型架的两边分别放置塑料薄膜。等材料全部上完后，在模型前后用角钢固定，防止模型前后表面产生膨胀。

3.7 水的处理

模型实验中,因为考虑到模型的稳定性及材料的特性,以及岩盐溶腔顶板破坏主要是以拉伸破坏为主,顶板受上覆岩层的质量和溶腔水压作用,可将顶板载荷简化为上覆岩层质量与溶腔水压之差,将溶腔水压换算成采深。因此,不模拟溶腔内的水压。

3.8 开采及测量

根据实验目的及地区的气候,本实验采用湿模型法作模型实验。在模型制作完成后的3~7天,拆去前后模板,测定模型材料的含水率,当与材料配比实验的含水率相符合时,即开始开采和测量数据。

按时间比 $\alpha_t = \dfrac{1}{(300)^{\frac{1}{2}}} = 1/17$,则84 min相当于实际的24 h。如果每天开采一次,即84 min进行一次开采。

假设岩盐水溶开采,溶腔几何形态近似于倒圆锥体,在平面模型上为倒三角形。按 $\alpha_l = 1/300$,实验一次掘进2.5 cm,45度的溶蚀角,共开挖8次,挖完整个厚度,然后再向两边平行推进,昼夜实际开采7.5 m。开采推进过程如图3.8所示。

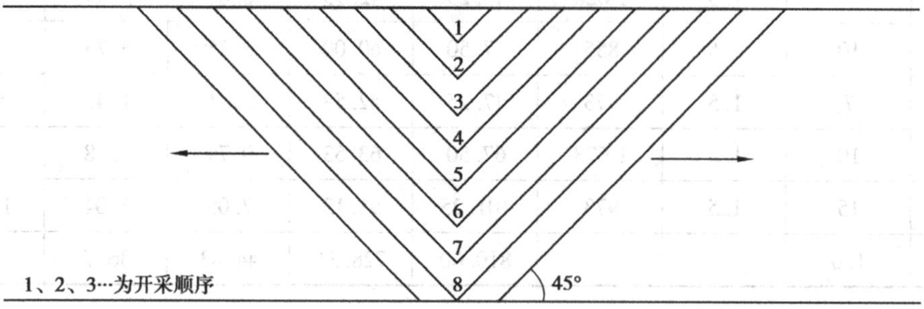

图3.8 开采推进过程

在模型上覆岩层中总共布置13行测点,每行9个测点,共计9×13 = 117个。测点设置如图3.9所示。

采用摄影系统摄制整个开采过程;每次开挖前用高清晰度数码相机拍摄模型并用地震仪测量岩层力学参数和损伤量。

数码相机固定在三脚架上,使用电脑软件控制进行拍摄,确保每次拍摄时,相机位置固定。

岩层波速测试采用声波透射法,在每层岩层的两端,一端进行声波发射,另一端进行声波接收。声波发射采用锤击法,用小铁锤敲击声发射点。发射和接收示意图如图3.10所示。从开挖开始就对每层岩层的损伤量进行测量;直到某层岩层发生明显破坏和断裂时,终止对该层岩层进行测量。

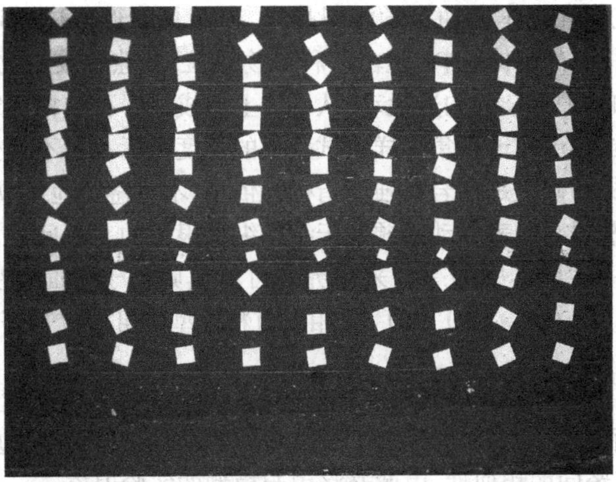

图3.9　位移测点

图3.10　弹性波透射法测试

3.9　实验误差及修正

研究表明相似材料模拟实验研究开采沉陷的误差主要表现在相似性误差、边界条件误差、相似材料配比误差、模型自重压缩引起垂直沉降误差和模型边界开裂引起的水平移动误差等[92]。

其中相似性误差主要表现在时间比 $\alpha_t = \alpha_l^2$，研究表明上式确定的时间比例，未考虑相似材料与实际岩层的强度、变形破坏性质等，故存在一定的片面性。另外，由于材料随时间变形的理论研究不足，时间比例 α_t 还难以用一个确切的式子加以表达。因此，不可避免地引起时间相似误差。

动力学相似要求模型与实型间所有作用力保持相似，即满足牛顿数为

$$R_m = \frac{l_m}{l_H} \cdot \frac{r_m}{r_H} R_H \tag{3.31}$$

式中　R_m——相似材料力学参数；

R_H——岩石力学参数；

$\frac{l_m}{l_H}$——模型比例尺；

$\frac{r_m}{r_H}$——相似材料与岩石的容重比。

材料的力学性质包括抗压强度、抗拉强度、抗弯强度、黏聚力、内摩擦角等。模型实验中仅选择抗压强度和抗拉强度作为动力学相似指标,因而只能近似地达到整体力学性质的相似。同时,岩石作为特殊的固体材料,是由多种矿物晶粒、孔隙和胶结物组成的混杂体,经过亿万年的地质演变和多种复杂的构造运动,从本质上形成了岩石结构从宏观到微观极其复杂的非连续体和非均质体,由实地采集岩样测试获得的强度指标一般不能全面反映岩体的整体强度,而模型强度指标的确定是以岩石强度指标为依据,不可避免地形成模拟强度的误差。

边界条件误差:覆岩与地表移动问题属于结构纵深很长的工程问题。根据弹性力学平面问题的划分,在实型中截取其中的一片来研究。可将其归类于平面应变问题。对于平面应变,则有 $\varepsilon_y = 0$, $\sigma_y = \mu(\sigma_x + \sigma_z) \neq 0$;而相似材料模型则可看成是等厚度薄板形式的弹性体,可归类于平面应力问题。对于平面应力,则有 $\sigma_y = 0$, $\varepsilon_y = -\frac{\mu}{E}(\sigma_x + \sigma_z) \neq 0$ 。可见模型与实型分属于平面问题中的平面应力和平面应变两种类型,两者间边界条件的不符,在一定程度上降低了两系统间的相似性,由此必将引起模型的实验误差。

相似材料配比误差:研究表明,模型湿度变化将引起模型材料强度变化,导致模型与实型力学条件的相似误差。此外,由于材料来源不同,其性质可能有所差异,诸如河沙的级配不同或混入的杂质不同等,也能引起相似材料强度值偏差。这些在实验中难以控制,不可避免地导致误差。

模型自重压缩引起垂直沉降误差:随着模型的铺设,上覆岩层载荷的增加,将导致下位岩层产生压缩。这一压缩量将导致垂直沉降误差。

模型边界开裂引起的水平移动误差:模型实验中模型两侧开裂不仅与模型本身的干燥收缩有关,也与模型的开采、岩层倾角、地表形态等有关,且以开采影响为主。开采将导致模型地表以下、中轴线以上部分受压缩,中轴线以下受拉伸,如图 3.11 所示。拉伸、压缩的结果使模型两侧岩体失去平衡产生转矩,导致模型两侧出现楔形开裂,使水平移动产生误差。

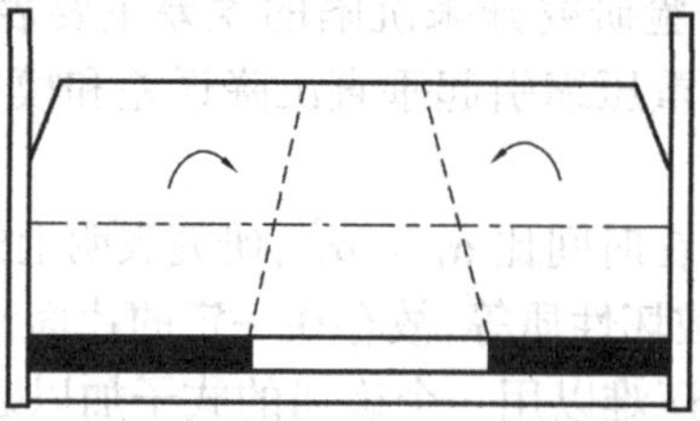

图 3.11　模型边界开裂示意图

其中,相似性误差和边界条件误差,目前还不可避免;相似材料配比误差可以通过改善实验条件来消除;模型自重压缩引起垂直沉降误差和模型边界开裂引起的水平移动误差可以进行修正[92]。

模型自重压缩引起垂直沉降误差修正:随着模型的铺设,上覆岩层载荷的增加,将导致下位岩层产生压缩。假设第 i 层模型材料的厚度为 h_i,弹性模量为 E_i,容重为 γ_i,则上覆载荷引起的第 i 层岩层的压缩量为

$$w_i = \frac{\sum_{l}^{i-l} \gamma_i h_i}{E_i} \tag{3.32}$$

上覆岩层自重载荷引起的第 i 层模型材料的压缩下沉总量为

$$W_i = \sum_{i+l}^{n} w_i \tag{3.33}$$

如果假设 E 为模型材料的平均弹性模量；γ 为模型材料的平均容重；H 为模型高度，则在模型深度为 z 的水平上产生的压缩下沉为

$$W_z = \int_z^H \frac{\gamma z}{E} \mathrm{d}z$$

从而可得

$$W_z = \frac{\gamma}{2E}(H^2 - z^2) = k\left(1 - \frac{z^2}{H^2}\right) \tag{3.34}$$

式中　k——模型常数，$k = \frac{\gamma H^2}{2E}$。

可用式(3.34)对沉降量进行矫正。

模型边界开裂引起的水平移动误差修正：如图3.11所示，拉伸、压缩的结果使模型两侧岩体失去平衡产生转矩，导致模型两侧出现楔形开裂。其偏角公式为

$$EJQ(x) = \int M(x) \mathrm{d}x + c \tag{3.35}$$

式中　J——惯性矩；

c——积分常数；

$M(x)$——转矩。

为讨论方便，取 $M(x) = m =$ 常数，由边界条件 $Q(x)|_{x=l/2} = 0$，可得

$$Q(x) = \frac{m}{EJ}\left(x - \frac{l}{2}\right) \tag{3.36}$$

式中　l——模型长度。

由式(3.36)可知，偏角是坐标 x 的线性函数。而地表铺层的水平位移与其偏角成正比，由此可得水平位移修正也是坐标 x 的线性函数。为此，只要量出模型两侧开裂的水平宽度，就取得了水平移动的最大改正值。按线性关系确定模型边界到模型地表中部所有测点的水平移动改正值。

3.10　实验结果及分析

实验中建立了两种模型，模型1在分层间没有添加云母和滑石；模型2在分层间加有少量云母和滑石来模拟层理。两种模型的其他情况完全一致。

模型1总共进行了25次开挖，开挖宽度为187.5 m。当溶腔顶板跨距为45 m时，溶腔顶板开始出现裂隙，裂隙高度为3.0 m；当溶腔顶板跨距为90 m时，顶板上有部分小块剥落；随着跨距的增加，顶板裂隙带增宽；当溶腔跨距为187.5 m时，顶板失稳垮塌，垮塌高度54 m，宽

度 90 m。至此,溶腔报废,不再进行开挖。在整个开挖过程中,上覆岩层中没有离层出现。

模型 2 总共进行 15 次开挖,开挖宽度为 112.5 m。当溶腔顶板跨距为 30 m 时,溶腔顶板开始出现裂隙,裂隙高度为 2.5 m;当溶腔顶板跨距为 60 m 时,顶板上有部分小块剥落,上覆岩层出现离层,离层位置在顶板上 51 m 处;随着跨距的增加,顶板裂隙带增宽;当溶腔跨距为 112.5 m 时,顶板失稳垮塌,垮塌高度 34 m,宽度 60 m,并且在顶板上 81 m 处产生离层。至此,溶腔报废,不再进行开挖。

由于模型 1 的岩层间没有加云母和滑石模拟层理,致使整个上覆岩层胶结为一个整体。因此,其模拟结果与实际情况有很大的差别。以下的分析都以模型 2 的测量数据进行。

3.10.1 岩层损伤演化过程

在实验过程中,从开挖开始就对每层岩层的损伤量进行测量,直到某层岩层发生明显破坏和断裂时,终止对该层岩层进行测量。

表 3.4 所示为模型 2 每次开挖的岩层损伤量数据表。

表 3.4 开挖过程中岩层损伤量演化表

开挖跨距	岩层损伤量									
	12	11	10	9	8	7	6	5	4	3
0	0.166	0.17	0.16	0.155	0.154	0.154	0.144	0.148	0.139	0.109
7.5	0.16	0.166	0.154	0.14	0.14	0.14	0.13	0.133	0.133	0.109
15	0.164	0.166	0.154	0.137	0.137	0.14	0.126	0.14	0.13	0.105
22.5	0.164	0.166	0.151	0.144	0.137	0.14	0.12	0.137	0.13	0.098
30	0.178	0.172	0.158	0.144	0.133	0.14	0.126	0.13	0.13	0.102
37.5	0.199	0.189	0.165	0.151	0.137	0.144	0.123	0.13	0.126	0.109
45	0.222	0.211	0.179	0.16	0.14	0.151	0.126	0.13	0.126	0.109
52.5	0.255	0.232	0.193	0.172	0.147	0.158	0.13	0.133	0.137	0.109
60	0.296	0.267	0.221	0.189	0.154	0.165	0.133	0.137	0.137	0.112
67.5	0.333	0.301	0.253	0.218	0.158	0.168	0.133	0.14	0.144	0.116
75	0.36	0.337	0.288	0.246	0.16	0.172	0.137	0.151	0.147	0.12
82.5	0.406	0.392	0.326	0.28	0.172	0.182	0.14	0.147	0.154	0.12
90	0.486	0.48	0.393	0.354	0.179	0.193	0.14	0.154	0.158	0.123
97.5	0.622	0.594	0.502	0.449	0.182	0.204	0.154	0.16	0.16	0.123
105	0.771	0.754	0.642	0.593	0.182	0.211	0.158	0.168	0.16	0.133
112.5	1	0.951	0.835	0.786	0.189	0.218	0.154	0.168	0.16	0.138

将如表 3.4 所示的数据作在以开挖跨距为横坐标,损伤量为纵坐标的坐标轴上,可得到上覆岩层开挖影响的损伤演化曲线(见图 3.12)。

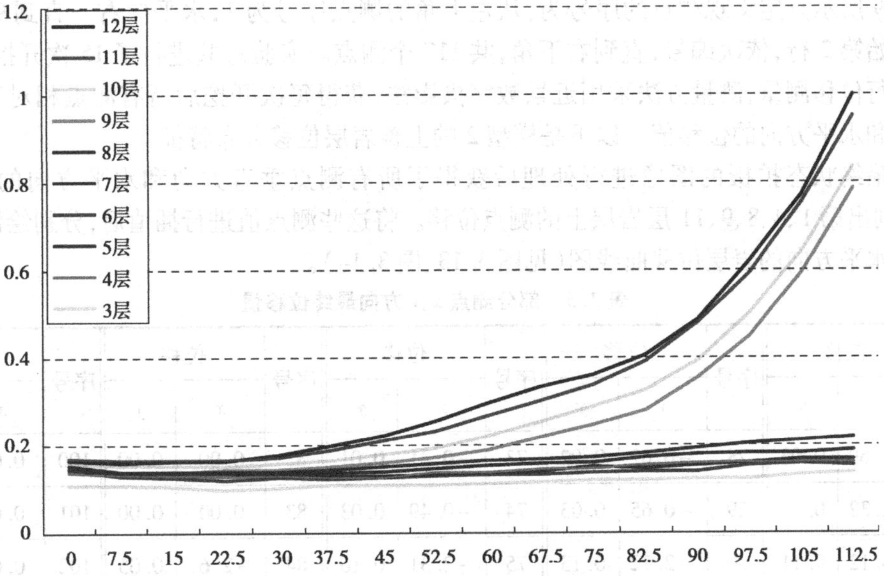

图3.12　上覆岩层损伤演化曲线

由图3.12所示可以明显地看到,第12至第9层岩层产生了较为严重的破坏:其中第12层岩层完全破坏垮塌;第11层岩层部分垮塌,剩余部分严重破碎;第10、第9层岩层也破碎严重基本失去承重能力。第8以上各岩层受影响较小,没有产生明显的破坏情况。在第9和第8岩层间可以十分明显地看到离层现象。由岩层力学参数可知,第8层岩层较厚,强度较高,在其下部岩层失去承载能力时,它能够对上部岩层提供支撑力,而不产生较大的破坏情况。

从破坏严重的岩层损伤演化曲线可以看到,岩层的损伤演化基本可以分为3个阶段:第1个阶段,岩层损伤量基本保持不变,甚至可能因局部应力增大而导致损伤变小的可能;第2个阶段,岩层损伤量以一定的斜率保持稳定而缓慢地增长;第3阶段,岩层损伤以指数函数形式加速增长,很快导致完全破坏而失去承重能力。实验中第12至第9层岩层损伤演化达到了第3阶段;而第8以上各岩层基本处于第2甚至第1阶段。

对第12至第9层岩层损伤演化数据进行回归分析,可以得到由开挖跨距为变量的岩层损伤演化方程为

$$D = \begin{cases} D_0 & 0 < x \leqslant m \\ ax + D_0 & m < x \leqslant n \\ be^{cx} + D_1 & n < x \end{cases} \tag{3.37}$$

式中　D_0——岩层初始损伤量;

D_1——第2阶段的最大损伤量,$D_1 = an + D_0$;

a、b、c——回归参数,随岩层不同而改变;

m——岩层进入第2损伤阶段的跨距值;

n——岩层进入第3损伤阶段的跨距值。

3.10.2　岩层移动变形

为了观测岩盐开采后上覆岩层及地表的位移情况,在每层岩层上,都布置了位移观测点,

如图 3.9 所示。定义观测点的序号为，从左上角的测点序号为 1，水平向右一直到 9，然后从左边开始第 2 行，依次编号，直到右下角，共 117 个测点。实验总共进行了 15 次开挖，每次开挖后进行位移测量，测量方法采用近景数字摄影法，获得每次开挖后所有测点相对于初始状态垂直和水平方向的位移值。以下是模型 2 的上覆岩层位移分布特征：

对最终状态拍摄的图像进行处理后获得了所有测点垂直方向和水平方向的位移值，表 3.5列出第 1、4、8、9、11 层岩层上的测点位移。将这些测点值进行插值后，分别绘制成垂直方向和水平方向的岩层位移曲线图（见图 3.13、图 3.14）。

表 3.5　部分测点 x、y 方向最终位移量

序号	位移		序号	位移		序号	位移		序号	位移		序号	位移	
	x	y		x	y		x	y		x	y		x	y
1	-0.69	0.03	28	-0.62	0.02	73	-0.31	0.01	82	0.00	0.00	100	0.00	0.00
2	-1.32	0.04	29	-0.65	0.03	74	-0.49	0.03	83	0.00	0.00	101	0.00	0.00
3	-4.12	0.11	30	-2.72	0.13	75	-2.31	0.16	84	-2.61	0.05	102	0.00	0.00
4	-8.23	0.11	31	-10.12	0.13	76	-11.27	0.16	85	-38.26	0.32	103	-48.53	0.35
5	-10.35	0.00	32	-12.43	0.00	77	-15.42	0.00	86	-49.34	0.00	104	-57.16	0.00
6	-8.25	-0.11	33	-10.32	-0.13	78	-12.11	-0.16	87	-37.36	-0.31	105	-48.34	-0.36
7	-3.19	-0.12	34	-2.81	-0.13	79	-3.01	-0.17	88	-2.62	-0.07	106	0.00	0.00
8	-1.31	-0.04	35	-0.65	-0.03	80	-0.42	-0.03	89	0.00	0.00	107	0.00	0.00
9	-0.72	-0.03	36	-0.61	-0.02	81	-0.32	-0.01	90	0.00	0.00	108	0.00	0.00

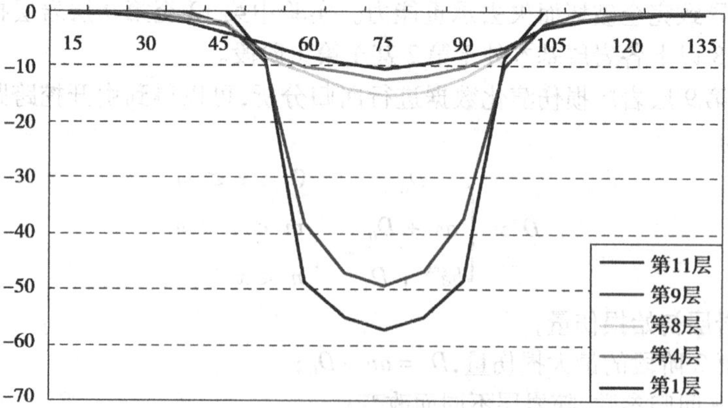

图 3.13　模型岩层垂直位移

对于垂直位移，可以看到：垂直位移随上覆岩层距岩盐层垂直距离的增大而减小，同时距岩盐层越近的岩层，其垂直变形越集中在中间小范围内，而两边几乎不会发生位移变化，比如第 11 层岩层只在 60 ~ 90 cm 范围内产生了垂直变形；相反远离岩盐层的岩层其垂直位移减

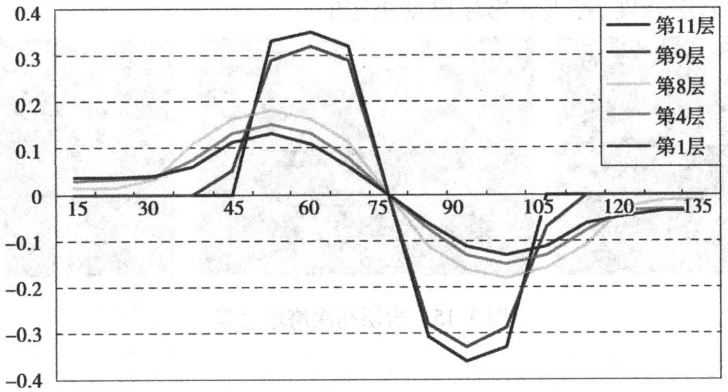

图 3.14　模型岩层水平位移

小,但移动范围增大,比如第 1 层岩层几乎整体都产生了垂直位移。在同一水平层上,距盐腔中心的距离越小,其垂直位移越大。

水平位移几乎有同垂直位移类似的规律。只是其变形量是集中或分散在溶腔中心点两旁的。

不难看出,位移量越小的岩层其变形范围越大;反知位移量越大的岩层其变形范围越小。

位移图上明显反映出了岩层岩性对岩层变形的影响。第 8 层岩层位移曲线和第 9 层岩层位移曲线有明显的区别。而第 1、4、8 层岩层的位移曲线则差别不大;第 9、11 层极为相似。说明第 8 层岩层和第 9 层岩层间的位移变化并不连续,出现了离层。这和岩体损伤分析结果一致。

3.10.3　开采沉陷的层面效应及分层特性

上覆岩层是岩性相差很大的许多层岩层按一定的顺序沉积形成的,在岩层之间一般都存在着弱面(层理),层理对开采沉陷的影响很大。最为明显的就是离层的产生。在离层产生处,层理不但发生了法向位移,同时也发生了较大的切向位移。这一点从模型的岩层移动变形图上可以清楚地看到。层理承受抗拉和抗剪的能力都很差。因此,层理的存在,在一定程度上改变了上覆岩层的整体刚度,使整个上覆岩层相当于由多层相互独立的单一岩层直接堆砌而成。这样,在相同采动条件下,弱面抗拉、抗剪能力越弱,则地表移动变形就越大。这一点可以从两个模型的岩层移动变形值可以明显看出。在相同开挖跨距时,模型 2 的变形比模型 1 明显要大一些。上覆岩层的层状结构,决定了上覆岩层的移动变形具有分层特性,上覆岩层不会作为一个整体进行变形、移动和破坏。

3.10.4　岩层破碎岩体尺寸特征

按简化两端固支梁理论,由式(2.22)可知有,岩层最小破坏尺寸 $L=\sqrt{\dfrac{\sigma_{\max}h}{3\gamma}}$,岩层破碎岩体尺寸与岩层强度、容重和垮塌厚度有关。图 3.15 所示是岩层初次垮塌时的过程。从图上可见,顶板垮塌前出现微小离层,然后岩层从顶板两帮断裂垮塌。此现象与简化两端固支梁理论相同。因此,实验现象验证了岩体初始损伤影响开采沉陷的力学机制,同时也证明了岩层垮塌尺寸是由岩层强度、容重和垮塌厚度决定的。

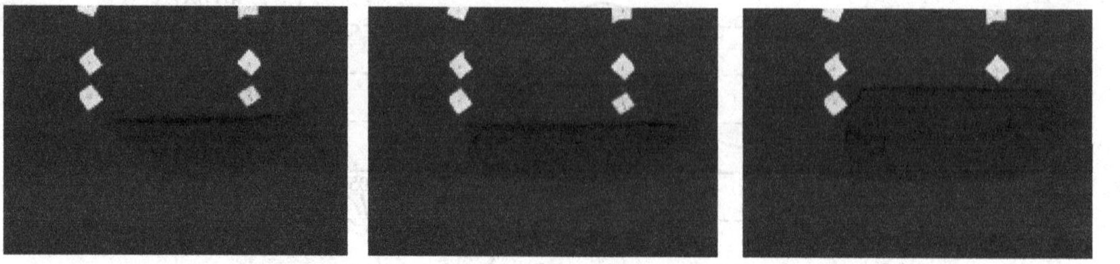

图 3.15　岩层初次垮塌过程

第4章 水溶开采沉陷有限元数值模拟

近年来,随着有限元等数值计算方法的工程应用,用数值模拟方法来研究开采沉陷成为可能。许多学者在这方面作出了不少有益的尝试。如安徽工业大学的高明中等采用 Flac 有限差分法对淮南矿区某矿地表沉陷进行了研究[41];辽宁工程技术大学的唐又持等采用 Ansys 有限元分析软件对姚桥煤矿西六采区开采沉陷进行了数值分析及预测[42]。

有限元法是求解数理方程的一种数值计算方法,是解决工程实际问题的一种有力的数值计算工具[108-109]。有限元法将求解域看成由许多在节点处互相连接的单元构成,利用单元内假设的近似函数来分片地表示求解域上未知的场函数。这样,一个工程问题的有限元分析中,未知场函数及其导数在各节点上的数值就成为新的未知量,从而使一个连续的无限自由度问题变成离散的有限自由度问题,只要求出这些量,就可以用插值函数计算出各单元内场函数的近似值,从而得到整个求解域上的近似解。显然增加单元的数量或提高插值函数的精度可使近似解收敛于精确解。

开采沉陷过程是在采动情况下上覆岩层的移动、变形和破坏的过程。因此,必须要求有限元程序能够模拟岩层的这一过程。目前的有限元程序还不具备处理破碎岩体的能力。因此,在应用一些有限元软件进行开采沉陷分析时一般采用预先设定破碎带和裂隙带的方法来解决这一难题。破碎带和裂隙带的预先设定一般根据经验公式,会造成较大的误差。

考虑到目前的数值分析软件进行开采沉陷分析的不足,开发用于开采沉陷模拟计算的有限元软件——2D-Sink,在软件中引入了有限元理论的一些最新研究成果。然后采用该软件对岩盐水溶开采沉陷规律进行分析。

4.1 2D-Sink 的特点及实现

2D-Sink 基于 Windows 平台,采用 VC6.0 开发完成,是一种专用于开采沉陷研究的二维有限元分析工具,具备了以下几大特点:

①可视化前处理程序,提供了 6 节点三角形单元、8 节点四边形单元和 6 节点非线性接触单元,可以方便地建立各种需要的模型,设定复杂的边界条件,自动剖分网格并进行合理的

优化。

②可视化后处理程序,可以方便地查看各种等值曲线、云图、矢量图,以及能够方便输出任意节点的各种数据,这对形成开采沉陷的各种变形曲线很重要。

③软件具备多工况处理能力,能够模拟矿物的开采过程。多工况的设置十分方便,施工步数没有限制。

④软件采用增量法,实现了材料非线性处理,能够计算材料塑性变形问题。

⑤2D-Sink 采用等带宽储存的 LU 分解算法,使软件的分析计算速度大为提高。

⑥构建了非线性接触单元,可以模拟层理面、裂隙及断层等不连续面。

⑦采用固定网格法[110,113],实现渗流等效荷载的计算,使软件能够处理溶腔卤水渗流问题。

⑧采用最新的开挖等效荷载计算公式,避免了传统计算方法带来的误差[110]。

⑨在有限元分析过程中引入了损伤变量和单元破坏判断条件,可以分析岩体的损伤破坏过程。

⑩采用删除破碎单元和弹性加载的方法,实现了开采沉陷中破碎岩体的模拟。

4.1.1 有限元法的开挖

矿物的开采是一个渐进的过程,采空区也是逐步增大的,上覆岩层是伴随着这个过程周处理多工况的能力。

而复始的移动、变形和破坏。因此,用于分析开采沉陷的有限元软件,必须具备在 2D-Sink 有限元分析软件中,多工况采用分步计算来进行模拟,用前一工况步的计算结果作为后一工况步的初始状态。每一工况步计算模型的环境参数都不相同。因此,每一工况步都必须重新确定边界、计算开挖单元释放荷载、构建新的刚度矩阵、加入新的边界条件,然后解方程,并进行新的迭代分析,解算出工况步的结果(见图 4.1)。

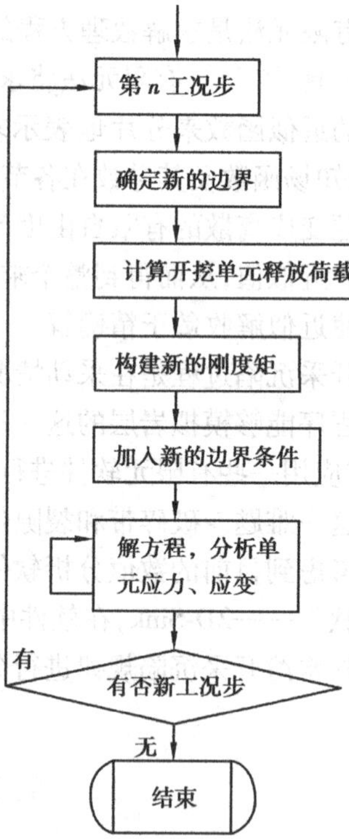

图 4.1 多工况处理过程

在多工况处理过程中,开挖单元释放荷载的计算是一个关键问题,目前许多有限元程序未能正确地给出开挖引起的等效节点力[110]。开挖单元释放荷载的计算过程如下:

①遍历整个单元,对开挖单元作下面的处理。

②计算开挖单元等效释放荷载,公式为[110]

$$f_E = \sum_{\Omega_E} \int_{\Omega_E^e} B^{\mathrm{T}} \sigma \mathrm{d}\Omega - \sum_{V_E} \int_{V_E^e} N^{\mathrm{T}} b \mathrm{d}V \tag{4.1}$$

式中 Ω_E——被开挖掉的那部分单元全体;

S_E——开挖界面;

B——单元形态矩阵；

σ——开挖单元产生的内力；

b——体积力(重力或渗流力)；

N——型函数。

但目前大多数有限元程序给出的开挖载荷仅含上式右边的第一项，这是最初由 Brown 等给出的结果[114]，实际上这是不正确的，例如当 b 是密度时，传统的计算方法就未计入重力对开挖力的贡献。由于开挖往往引起卸荷破坏，因此传统的计算方法可能会低估破坏区，且开挖体的埋深越浅，所引起的偏差就越大[110]。

③遍历结点，对具有开挖释放等效荷载的结点进行荷载集成。

4.1.2 非线性接触元

相似材料模拟实验表明，开采沉陷中层理效应十分明显。同时岩体中不可避免地存在裂隙、节理、断层等不连续面。因此，有限元模拟中必须要能够处理两个物体之间的接触问题。

在实际工程实践中，两个物理单元之间的接触，有两种情况：一种是两个单元固接在一起；另一种情况是两个单元之间在一定的力学条件下将产生滑动或分离。对于第一种情况，按一般的有限元方法进行处理即可。对于第二种情况，介质变成了非连续体，有限元处理起来就有一定的困难，因为在有限元分析中，是不允许单元之间产生滑动和分离的。因此，必须设置一种特殊的单元，使它能在其内部产生滑动和较大的变形来模拟两个单元之间的滑动和分离情况，这种单元称之为非线性接触元。

在 2D-Sink 中采用的非线性接触元为图 4.2 所示的六节点单元。1、2、3 节点所在的边与 4、5、6 节点所在的边分别与其他单元连接(见图 4.3)，这两边之间的距离比起它们本身的长度来说，要小很多，可以忽略。因此与之相连接的单元就相当于相互接触。接触单元内部可以产生较大的变形，用来模拟 A、B 两个单元之间的分离；接触单元两条长边之间的剪切变形可以用来模拟 A、B 两个单元之间的滑动。接触单元的实现过程如下：

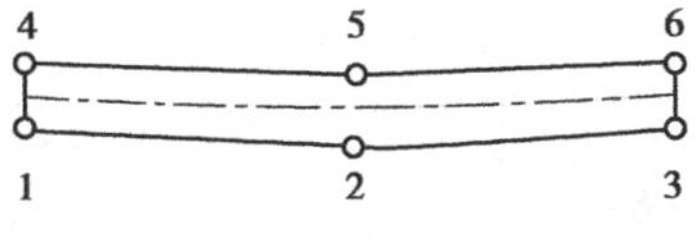

图 4.2 非线性接触单元

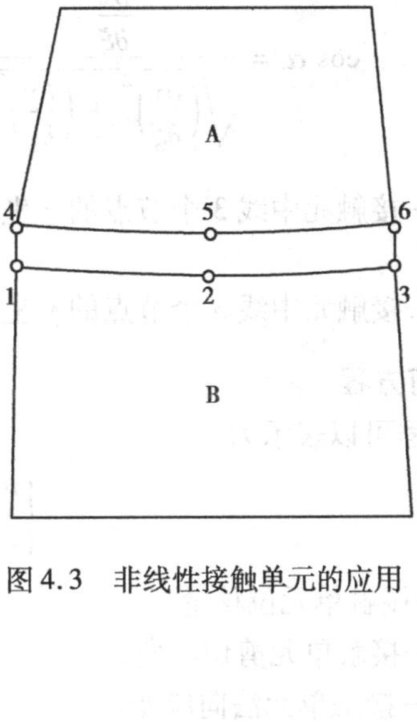

图 4.3 非线性接触单元的应用

(1)**位移函数和型函数**

因为,接触元的宽度比长度小得多。因此,可以将接触元两接触面的位移用中心线(见图4.2中的虚线)的位移来代替。这样就可按一维形式可以构造出接触元的位移函数:

$$u = N_1\xi_1 + N_2\xi_2 + N_3\xi_3 \tag{4.2}$$

式中 N_1、N_2、N_3——单元型函数,$N_1 = -\frac{\xi(1-\xi)}{2}$,$N_2 = 1-\xi^2$,$N_3 = \xi(1+\xi)/2$。

满足

$$N_1 + N_2 + N_3 = 1 \text{ 和 } N_i = \sigma_j = \begin{cases} 1(i=j) \\ 0(i \neq j) \end{cases} \quad i,j = 1,2,3$$

式中 ξ——接触单元局部坐标。

(2)**形态矩阵**

令

$$[N] = \begin{bmatrix} -N_1 & 0 & -N_2 & 0 & -N_3 & 0 & N_1 & 0 & N_2 & 0 & N_3 & 0 \\ 0 & -N_1 & 0 & -N_2 & 0 & -N_3 & 0 & N_1 & 0 & N_2 & 0 & N_3 \end{bmatrix} \tag{4.3}$$

则形态矩阵可以表示为

$$[B] = \frac{h}{e}[L][N] \tag{4.4}$$

式中 h——单元厚度;

e——接触单元宽度;

$[L] = \begin{bmatrix} \cos\alpha & \cos\beta \\ -\cos\beta & \cos\alpha \end{bmatrix}$。

按过程进行计算为

$$\frac{\partial x}{\partial \xi} = \sum_{i=1}^{3} \frac{\partial N_i}{\partial \xi}\bar{x}_i \qquad \frac{\partial y}{\partial \xi} = \sum_{i=1}^{3} \frac{\partial N_i}{\partial \xi}\bar{y}_i$$

$$\cos\alpha = \frac{\frac{\partial x}{\partial \xi}}{\sqrt{\left(\frac{\partial x}{\partial \xi}\right)^2 + \left(\frac{\partial y}{\partial \xi}\right)^2}} \qquad \cos\beta = \frac{\frac{\partial y}{\partial \xi}}{\sqrt{\left(\frac{\partial x}{\partial \xi}\right)^2 + \left(\frac{\partial y}{\partial \xi}\right)^2}}$$

式中 $\bar{x}_i$——接触元中线3个节点的x坐标,$\bar{x}_1 = \frac{x_1+x_4}{2}$,$\bar{x}_2 = \frac{x_2+x_5}{2}$,$\bar{x}_3 = \frac{x_3+x_6}{2}$;

$\bar{y}_i$——接触元中线3个节点的y坐标,$\bar{y}_1 = \frac{y_1+y_4}{2}$,$\bar{y}_2 = \frac{y_2+y_5}{2}$,$\bar{y}_3 = \frac{y_3+y_6}{2}$。

(3)**几何方程**

几何方程可以表示为

$$\begin{Bmatrix} \nu_S \\ \varepsilon_n \end{Bmatrix} = [B]\{\delta\} \tag{4.5}$$

式中 δ——接触单元位移量;

ν_s——接触单元剪切应变;

ε_n——接触单元法向应变。

(4)**物理方程**

物理方程可以表示为

$$\{\sigma\} = \begin{Bmatrix} \tau_s \\ \sigma_n \end{Bmatrix} = \begin{bmatrix} G & 0 \\ 0 & E \end{bmatrix} \begin{Bmatrix} \nu_S \\ \varepsilon_n \end{Bmatrix} \tag{4.6}$$

式中 τ_s——接触单元剪切应力；

σ_n——接触单元法向应力；

G——接触单元剪切模量；

E——接触单元杨氏弹性模量。

(5)**屈服条件及非线性分析**

令 R_t 为接触元法向抗拉强度。

①如果 $\sigma_n > R_t$

接触单元将被拉开，这时接触元的两个接触面分开，因此它们之间将不会产生任何力的作用。

②如果 $\sigma_n \leqslant R_t$，则要考虑接触单元是否发生剪切破坏。

由库仑摩尔理论，接触单元的抗剪强度为 $C - f\sigma_n$；

如果 $\tau_s \leqslant C - f\sigma_n$，那么单元将不会发生剪切破坏，这时单元许用应力保持不变；

如果 $\tau_s > C - f\sigma_n$，那么单元将发生剪切破坏，这时单元的法向应力将保持不变，而切向剪应力则应该为 $\mathrm{sign}(\tau_s)\,|f\sigma_n|$。

式中，C 为接触单元内聚力；f 为接触元摩擦系数，$f = \tan\varphi$（φ 是内摩擦角）；$\mathrm{sign}(\tau_s)$ 取 τ_s 的正负号。

4.1.3 单元破坏判断条件及处理

单元破坏过程用损伤变量来描述，损伤量可表示为

$$D = 1 - \frac{E^*}{E} \tag{4.7}$$

则

$$E^* = (1 - D)E \tag{4.8}$$

式中 E——无损伤岩体的杨氏弹性模量；

D——损伤变量，满足 $0 \leqslant D \leqslant 1$，当值为0时表示岩体完整，当值为1时表示岩体断裂破坏，当值在0~1之间时岩体处于损伤状态；

E^*——损伤岩体的杨氏弹性模量。

单元的破坏过程可以分为拉破坏和压剪切破坏来描述。

(1)**单向受拉破坏本构关系及条件**

单向受拉破坏本构关系如图4.4所示。其损伤变量可以描述为

$$D = \begin{cases} 0 & \varepsilon \leqslant \varepsilon_{t0} \\ 1 - \dfrac{f_{tr}}{E\varepsilon} & \varepsilon_{t0} < \varepsilon < \varepsilon_{tu} \\ 1 & \varepsilon \geqslant \varepsilon_{tu} \end{cases} \tag{4.9}$$

式中　ε_{t0}——拉破坏损伤阀值；

f_t——岩体单轴抗拉强度；

f_{tr}——单元残余强度；

ε_{tu}——极限拉破坏应变，当应变大于该值时，岩体破坏。

由式(4.9)可知，单元拉破坏的初始损伤条件为 $\varepsilon=\varepsilon_{t0}$，破坏极限条件为 $\varepsilon=\varepsilon_{tu}$。

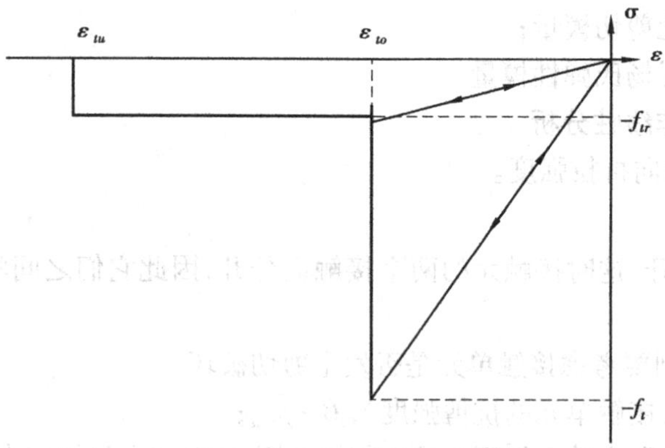

图 4.4　单轴受拉时的弹性损伤本构

(2)**压剪切破坏本构关系及条件**

由库仑摩尔准则定义单元压剪破坏条件为

$$F = \sigma_1 - \sigma_3 \frac{1+\sin\varphi}{1-\sin\varphi} \geqslant f_c \tag{4.10}$$

式中　φ——岩体内摩擦角；

σ_1、σ_3——单元最大和最小主应力；

f_c——岩体抗压强度。

在单向压剪条件下，破坏本构关系如图 4.5 所示，可以描述为

$$D = \begin{cases} 0 & \varepsilon < \varepsilon_{c0} \\ 1 - \dfrac{\lambda\varepsilon_{c0}}{\varepsilon} & \varepsilon \geqslant \varepsilon_{c0} \end{cases} \tag{4.11}$$

式中　λ——岩体单元残余强度系数，由式 $\lambda=\dfrac{f_{cr}}{f_c}$ 确定；

ε_{c0}——压剪破坏损伤阀值；

f_{cr}——单元残余强度。

由式(4.11)可以看出在压剪时单元，损伤初始条件为 $\varepsilon=\varepsilon_{c0}$，但没有破坏极限条件。因此，可根据实际情况设定单元岩体压剪破坏极限条件。软件中设置极限条件为 ε_{c0} 的整数倍，倍数可自行设置。

(3)**破坏单元处理过程**

已知有限元数值方法是建立在连续介质力学模型上的。当岩体受力完全破坏后($D=1$)，就不再连续，这时有限元方法将不再适用。因此，破坏单元的合理处理是地表沉陷数值模拟

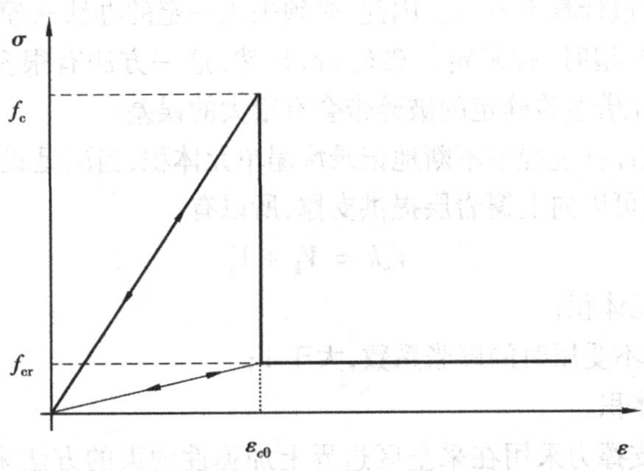

图 4.5　单轴受压时的弹性损伤本构关系

的难点。2D-Sink 中单元破坏后，表明单元不能再承受力的作用，则删除该单元，并对删除单元按开挖单元进行处理，计算边界开挖等效荷载，反作用于岩体，然后重新建立刚度矩阵和边界条件。破坏单元处理过程如图 4.6 中虚框内的部分。

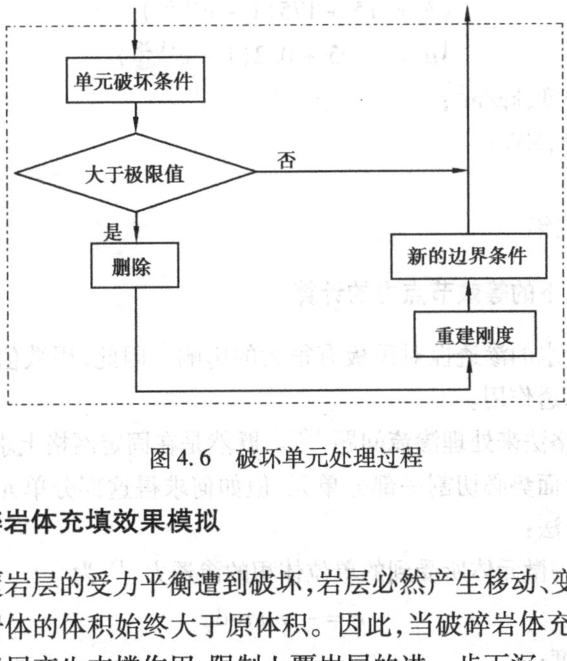

图 4.6　破坏单元处理过程

4.1.4　垮塌破碎岩体充填效果模拟

矿物开采后，上覆岩层的受力平衡遭到破坏，岩层必然产生移动、变形和破坏。破碎岩体将充填采空区，破碎岩体的体积始终大于原体积。因此，当破碎岩体充填满采空区和垮塌区后，就能对更上面的岩层产生支撑作用，限制上覆岩层的进一步下沉。也就是说，对于给定的开采高度，即使在充分采动条件下，上覆岩层的下沉值也是有限的，用 W_0 表示充分开采地表最大下沉值为

$$W_0 = mq\cos\alpha \tag{4.12}$$

式中　m——采厚；

q——下沉系数，由上覆岩层的岩性决定；

α——岩层倾角。

然而，在有限元中垮塌岩体难以模拟，上覆岩层会失去垮塌破碎岩体的支撑而导致无限

下沉,使整个模型的模拟计算不收敛。因此,必须采用一定的办法来模拟垮塌岩体的支撑力。目前的做法是在建立模型时,就确定好破碎带,显然,这一方法有很多不足之处。主要表现在,在模拟计算之前,凭借经验确定的破碎带会有很大的误差。

因此,在整个模拟计算过程中不断地记录垮塌单元体积,当满足式(4.13)时,认为垮塌破碎岩体充填满采空区,可以向上覆岩层提供支撑,所以有

$$V_p k = V_k + V_p \tag{4.13}$$

式中 V_p——垮塌单元体积;

k——垮塌岩体不受压时的碎胀系数,大于1;

V_k——采空区体积。

垮塌破碎岩体的支撑力采用在采空区边界上加弹性约束的方法来实现。采空区冒落的矸石是一种松散介质。宏观上,它对顶板支撑的力学作用可以近似地用弹性支撑体表述。需要考虑的是,随着工作面的推进,矸石在覆岩作用下逐步被压实,材料的密度ρ、弹性模量E和泊松比μ随时间而增加。反映上述参数的变化规律[116]的经验公式为

$$\begin{cases} \rho = 1\,600 + 800(1 - e^{-1.25t}) \\ E = 15 + 175(1 - e^{-1.25t}) \\ \mu = 0.05 + 0.2(1 - e^{-1.25t}) \end{cases} \tag{4.14}$$

式中 ρ——材料的密度,kg/m^2;

E——弹性模量,MPa;

μ——泊松比;

t——时间,单位年。

4.1.5 渗透作用下的等效节点力的计算

岩盐水溶开采,卤水的渗透性对顶板有很大的影响。因此,用数值方法模拟水溶开采沉陷,必须要考虑水的渗透作用。

本文采用固定网格法来处理渗流问题[110]。既然是在固定网格上求解有自由面的渗流问题,那么所求得的自由面势必切割一部分单元,但如何求得这部分单元在渗流作用下的等效节点力,采用如下的方法:

在渗流场中的任一微元体所受到的单位体积的渗透力[115]为

$$r = -\gamma_w \mathrm{grad}\varphi \tag{4.15}$$

式中 γ_w——水的密度;

φ——水头值。

在被浸湿的单元e内的任意点为

$$\varphi = \sum_{i=1}^{n^e} N^{(i)} \varphi^{(i,e)} \tag{4.16}$$

式中 n^e——单元e的节点数;

$\varphi^{(i,e)}$——单元e第i个节点的水头值。

将式(4.16)代入式(4.15),然后利用式(4.17)求得单元i在渗透作用下的等效节点力为

$$f_s^e = \int_{V^e} N^{\mathrm{T}} r \mathrm{d}V = \sum_{i_g=1}^{N_g} a(i_g) W(i_g) N^{\mathrm{T}}(i_g) J(i_g) \tag{4.17}$$

式中　N_g——单元 e 的高斯点数目；

$W(i_g)$——对应高斯点 i_g 的权系数；

$J(i_g)$——是相应的雅可比(Jacobian)值；

$a(i_g) = \begin{cases} 1 & \text{如果 } Z(i_g) \leqslant \varphi(i_g) \\ 0 & \text{如果 } Z(i_g) > \varphi(i_g) \end{cases}$；

$Z(i_g)$——对应高斯点的垂直坐标。

即对于被自由面所切割的那些单元而言，若其高斯点位于自由面以上，则其对等效节点力将没贡献。

4.1.6　材料非线性问题处理方法

材料非线性是指当岩体载荷达到一定值时，岩体的物理方程不再保持线性状态。岩体的应力应变关系发生变化，岩体进入塑性区或岩体发生蠕变等，前者是不依赖于时间的弹塑性问题，而后者则是与时间有关的黏(弹、塑)性问题。本软件只考虑了岩体的塑性问题。

(1)塑性强度理论

目前有很多种塑性强度理论及屈服函数，各种不同的强度理论仅能较好地反应部分材料的破坏形式，而没有一种对所有材料都适用的强度理论。因此，为了在有限元分析时能够根据不同的材料选择适当的强度理论，在 2D-Sink 中，设定有两个单剪理论：特雷斯卡(Tresca)准则、摩尔库仑准则(Mohur-coulomb)；两个三减强度理论：广义米赛斯准则(Mises)、Prager-Drucker准则，共 4 种强度准则。

1)单剪应力理论——特雷斯卡(Tresca)准则

Tresca 准则是一种单剪强度理论，只考虑最大剪应力的影响，只要最大剪应力超过了材料的抗剪强度，则认为材料进入塑性状态。其屈服函数可表示为

$$\tau_{13} = \frac{1}{2}(\sigma_1 - \sigma_3) = s \tag{4.18}$$

式中　σ_1——第 1 主应力；

σ_3——第 3 主应力；

s——抗剪强度。

2)单剪切角理论——摩尔库仑准则(Mohur-coulomb)

摩尔库仑准则也是一种单剪强度理论，它不考虑主应力，只考虑最大主剪应力 $\tau_{13} = \frac{1}{2}(\sigma_1 - \sigma_3)$，但并不是直接用最大剪应力超过材料抗剪强度来判断材料是否屈服，采用的屈服函数为

$$\sin\varphi_{13} = \frac{\tau_{13}}{\frac{1}{2}(\sigma_1 + \sigma_3) + c \cdot \cot\varphi} = \sin\varphi \tag{4.19}$$

式中　c——材料内聚力；

φ——材料内摩擦角。

3）三剪应力理论——广义米赛斯准则（Mises）

该理论综合考虑了3个剪切应力的作用，屈服函数可以表示为

$$\tau_m = \frac{1}{\sqrt{2}}(\tau_{12}^2 + \tau_{23}^2 + \tau_{13}^2)^{1/2} = s \tag{4.20}$$

式中 τ_{12}、τ_{23}、τ_{13}——材料3个面的剪切应力。

4）广义三剪应力理论——Prager-Drucker准则

该理论考虑了3个主应力的影响，屈服函数可以表示为

$$\tau_m = \frac{3\sin\varphi}{3-\sin\varphi}\left[\frac{1}{3}(\sigma_1 + \sigma_2 + \sigma_3) + c \cdot \cot\varphi\right] = s \tag{4.21}$$

式中 σ_1、σ_2、σ_3——材料的3个主应力。

5）强度准则的统一表达形式

在 π 平面上可以将不同的强度准则用统一的函数形式表达为

$$F(I_1, J_2, J_3, \theta) \tag{4.22}$$

式中 I_1——应力张量第1不变量；

J_2——应力张量第2不变量；

J_3——应力张量第3不变量；

θ——骆得角（lode）。

这样Tresca准则可表示为

$$F = 2\sqrt{J_2}\cos\theta - s \tag{4.23}$$

库仑摩尔准则可表示为

$$F = \frac{1}{3}I_1\sin\phi + \sqrt{J_2}\left(\cos\theta - \frac{1}{\sqrt{3}}\sin\theta\sin\phi\right) - c \cdot \cos\phi \tag{4.24}$$

广义米赛斯准则可表示为

$$F = \sqrt{3J_2'} - s \tag{4.25}$$

Prager-Drucker准则可表示为

$$F = aI_1 + \sqrt{J_2} - k \tag{4.26}$$

式中 a、k——与材料内摩擦角 φ 和黏聚力 c 有关的常数。

$$a = \frac{2\sin\varphi}{\sqrt{3(3-\sin\varphi)}} \tag{4.27}$$

$$k = \frac{6c\cos\varphi}{\sqrt{3(3-\sin\varphi)}} \tag{4.28}$$

$F<0$ 时，材料处于弹性状态；$F \geqslant 0$ 时，材料就进入塑性状态。

（2）流动法则

流动法则规定塑性应变增量的分量和应力分量以及应力增量分量之间的关系可表示为

$$\mathrm{d}\varepsilon_{ij}^p = \mathrm{d}\lambda\frac{\partial F}{\partial\sigma_{ij}} \tag{4.29}$$

式中 $\mathrm{d}\varepsilon_{ij}^p$——塑性应变增量的分量；

dλ——待定有限量,与硬化法则有关;

F——塑性势函数,后续屈服函数。

(3)**硬化法则**

硬化法则规定材料进入塑性变形后的后续屈服函数。一般采用的形式为

$$F(\sigma_{ij},\varepsilon_{ij}^{p},k)=0 \tag{4.30}$$

式中　k——硬化参数,依赖于变形历史;

ε_{ij}^{p}——塑性应变。

对与理想弹塑性材料,因无硬化效应,则后续屈服函数和初始屈服函数一样。

硬化法则有各向同性法则、运动硬化法则以及混合硬化法则,本文采用了能适应材料一般特性的混合硬化法则,即既考虑了各向同性法则,又考虑了运动硬化法则。这样,可将应变增量分为共线的两部分,即令

$$\mathrm{d}\varepsilon_{ij}=\mathrm{d}\varepsilon_{ij}^{p(i)}+\mathrm{d}\varepsilon_{ij}^{p(k)} \tag{4.31}$$

式中　$\mathrm{d}\varepsilon_{ij}^{p(i)}$——与屈服面扩张相关联的部分塑性应变增量;

$\mathrm{d}\varepsilon_{ij}^{p(k)}$——与屈服面移动相关联的部分塑性应变增量。

并且满足

$$\mathrm{d}\varepsilon_{ij}^{p(i)}=M\mathrm{d}\varepsilon_{ij}^{p}$$

$$\mathrm{d}\varepsilon_{ij}^{p(k)}=(1-M)\mathrm{d}\varepsilon_{ij}^{p}$$

式中　M——混合硬化参数,表示各向同性硬化特性在整体硬化特性中所占的比例。

后续屈服函数可表示为

$$F(\sigma_{ij},\varepsilon_{ij}^{p},k)=f-k=0 \tag{4.32}$$

$$f=\frac{1}{2}(s_{ij}-\overline{a}_{ij})^{2}\qquad k=\frac{1}{3}\sigma_{s}^{2}(\varepsilon^{p},M)$$

$$\sigma_{s}(\varepsilon^{p},M)=\sigma_{so}+\int M\mathrm{d}\sigma_{s}(\overline{\varepsilon}^{p})$$

(4)**加载、卸载准则**

加载、卸载准则是判断进入塑性状态的材料是继续保持塑性加载还是弹性卸载。这一判断将决定在后续分析中是采用弹性本构关系还是继续采用塑性本构关系。

加载卸载准则可以表示为

①若 $F=0,\dfrac{\partial f}{\partial\sigma_{ij}}\mathrm{d}\sigma_{ij}>0$,材料继续塑性加载。

②若 $F=0,\dfrac{\partial f}{\partial\sigma_{ij}}\mathrm{d}\sigma_{ij}<0$,材料由塑性向弹性卸载。

③若 $F=0,\dfrac{\partial f}{\partial\sigma_{ij}}\mathrm{d}\sigma_{ij}=0$,对于理想弹塑性材料,为塑性加载;对于硬化材料,此时为中性变载,仍保持塑性状态,但不产生新的流动($\mathrm{d}\overline{\varepsilon}^{p}=0$)。

以上各式中,F 为后续屈服函数。

(5)**塑性矩阵**

由屈服函数、流动法则以及硬化法则可以导出材料塑性矩阵[121]为

$$[D]_{ep} = [D] - \frac{[D]\{n\}\left\{\frac{\partial f}{\partial \sigma}\right\}^{\mathrm{T}}[D]}{H + \left\{\frac{\partial f}{\partial \sigma}\right\}^{\mathrm{T}}[D]\{n\}} \tag{4.33}$$

式中 $[D]$——弹性矩阵；

$\{n\}$——流动矢量；

H——硬化模量。

(6)有限元增量形式

有了塑性矩阵，就可以写出塑性增量方程为

$$\Delta\sigma_{ij} = {}^{\tau}D_{ijkl}^{ep}\Delta\varepsilon_{kl} \qquad t \leqslant \tau \leqslant t + \Delta t \tag{4.34}$$

用虚位移原理可以得到有限元系统平衡方程为

$${}^{\tau}K_{ep}\Delta a = \Delta Q \tag{4.35}$$

式中 ${}^{\tau}K_{ep}$——弹塑性刚度矩阵；

Δa——增量位移向量；

ΔQ——不平衡力向量。

以上 3 个量都由各单元相应量集成而成为

$$\left.\begin{aligned} {}^{\tau}K_{ep} &= \sum_{e} {}^{\tau}K_{ep}^{e} \\ \Delta a &= \sum_{e} \Delta a^{e} \\ \Delta Q &= \sum_{e} {}^{t+\Delta t}Q_{l}^{e} - \sum_{e} {}^{t}Q_{i}^{e} \end{aligned}\right\} \tag{4.36}$$

$$\left.\begin{aligned} {}^{\tau}K_{ep}^{e} &= \int_{V_e} B^{\mathrm{T}\tau}D_{ep}B\mathrm{d}V \\ {}^{t+\Delta t}Q_{l}^{e} &= \int_{V_e} N^{\mathrm{T}t+\Delta t}\overline{F}\mathrm{d}V + \int_{S_{\sigma_e}} N^{\mathrm{T}t+\Delta t}\overline{T}\mathrm{d}S \\ {}^{t}Q_{i}^{e} &= \int_{V_e} B^{\mathrm{T}t}\sigma\mathrm{d}V \end{aligned}\right\} \tag{4.37}$$

由式(4.35)解得 Δa，由几何关系得到 $\Delta\varepsilon = B\Delta a^{e}$，然后由式(4.34)得到 $\Delta\sigma$，于是可得到 ${}^{t+\Delta t}\sigma = {}^{t}\sigma + \Delta\sigma$。然后再将 ${}^{t+\Delta t}\sigma$ 代入式(4.35)，直到 ΔQ 满足收敛条件为止。

4.1.7 非线性方程组的解法

对于弹塑性问题式(4.35)是一个非线性方程组，其中 ${}^{\tau}K_{ep}$ 依赖于未知量 Δa，因此不能直接求解。软件采用 Newton-Raphson 方法对非线性方程组进行求解。

那么式(4.35)可写为

$${}^{t+\Delta t}K_{ep}^{(n)}\Delta a^{(n)} = \Delta Q^{(n)} \tag{4.38}$$

式中 n——迭代次数，$n = 1,2,3,\cdots$

$$\left.\begin{aligned}{}^{t+\Delta t}K_{ep}^{(n)} &= \sum_e \int_{V_e} B^{\mathrm{T}\,t+\Delta t}D_{ep}^{(n)} B\mathrm{d}V \\ {}^{t+\Delta t}D_{ep}^{(n)} &= D_{ep}({}^{t+\Delta t}\sigma^{(n)}, {}^{t+\Delta t}a^{(n)}, {}^{t+\Delta t}\bar{\varepsilon}^{p(n)}) \\ \Delta Q^{(n)} &= {}^{t+\Delta t}Q_l - \sum_e \int_{V_e} B^{\mathrm{T}\,t+\Delta t}\sigma^{(n)}\mathrm{d}V\end{aligned}\right\} \tag{4.39}$$

第一步有

$${}^{t+\Delta t}\sigma^{(0)} = {}^{t}\sigma, {}^{t+\Delta t}a^{(0)} = {}^{t}a, {}^{t+\Delta t}\bar{\varepsilon}^{p(0)} = {}^{t}\bar{\varepsilon}^{p}$$

具体迭代步骤：

①由式(4.39)计算${}^{t+\Delta t}K_{ep}^{(n)}$和$\Delta Q^{(n)}$，构成方程式(4.38)。

②按线性方程组的解法(4.2.8节)求解方程式(4.38)，得到本次迭代的位移增量$\Delta a^{(n)}$。有${}^{t+\Delta t}a^{(n+1)} = {}^{t+\Delta t}a^{(n)} + \Delta a^{(n)}$。

③计算各单元的应变增量和应力增量为

$$\Delta\varepsilon^{(n)} = B\Delta a^{(n)}$$

$$\Delta\sigma^{(n)} = \int_0^{\Delta\varepsilon^{(n)\prime}} D_{ep}\mathrm{d}\varepsilon$$

式中　$\Delta\varepsilon^{(n)\prime}$——$\Delta\varepsilon^{(n)}$的塑性部分。

由此，有

$${}^{t+\Delta t}\varepsilon^{(n+1)} = {}^{t+\Delta t}\varepsilon^{(n)} + \Delta\varepsilon^{(n)}$$

$${}^{t+\Delta t}\sigma^{(n+1)} = {}^{t+\Delta t}\sigma^{(n)} + \Delta\sigma^{(n)}$$

④用收敛条件判断是否收敛，如收敛则结束计算，相反则进入下一迭代步。

一般有位移收敛、平衡收敛和能量收敛3种收敛条件。软件采用了位移收敛条件为

$$\|\Delta a^{(n)}\| \leqslant erd\,\|{}^{t}a\| \tag{4.40}$$

式中　$erd\,\|{}^{t}a\|$——给定的容许误差。

4.1.8　线性方程组的数值解法

有限元分析中，有很大一部分工作是解线性方程组，因此有

$$Ka = P \tag{4.41}$$

式中　K——刚度矩阵；

　　a——要求解的位移矩阵；

　　P——模型受力条件。

随着模型结点数的增加，刚度矩阵K的大小将以几何速度增长。表4.1是二维有限元分析中节点数与刚度矩阵的维数以及完全存储所用的计算机内存。

表4.1　刚度矩阵的大小、需要的计算机内存与节点数的关系

模型节点数	刚度矩阵大小	所需计算机内存
10	20×20	3.1 K
100	200×200	312.5 K
1 000	2 000×2 000	30.5 M
10 000	20 000×20 000	3 G

由表4.1可见,随着节点数的增加,计算机内存的消耗是惊人的。因此,必须找到更为有效的矩阵存储和方程解算方法。2D-Sink采用了等带宽来存储刚度矩阵,采用LU分解来解算线性方程组。大大节约了内存和提高了解算速度,表4.2是完全存储LU分解法和半带宽存储LU分解法对相同模型解算时间的对比。

表4.2　直接存储和等带宽存储LU分解算法比较

模型节点数	半带宽存储LU分解算法	直接存储LU分解算法
200	<1 s	2 s
2 500	3 s	5 m
8 600	10 s	>30 m

从表4.2可见,半带宽存储对解算速度有十分显著的提高。

从有限元理论知道,刚度矩阵K是对称矩阵,并且其数值全部集中在宽度为D的条带之内,在条带之外的数值全为零。因此,可以通过只存储条带内的数据,来减少刚度矩阵的存储量(见图4.7)。可以将刚度总大小由$(2n)^2$减小到$2n \times D$,在通常情况下D远小于$2n$。

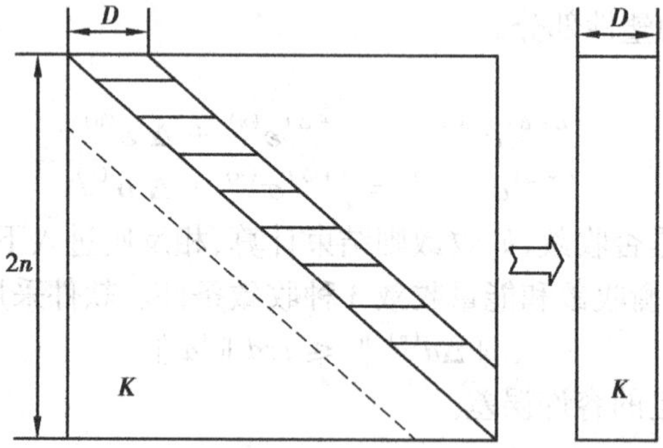

图4.7　半带宽存储

D可确定为

$$D = [\mathrm{MAX}(D_i) + 1] \times 2 \qquad i = (1,2,\cdots,n) \tag{4.42}$$

式中　D_i——结点i的最大相关结点差值。

由式(4.42)可见,如果合理调整结点编码,可以有效减小内存的需求量。

两个矩阵元素的对应关系可确定为

$$\begin{cases} i^* = i \\ j^* = j - i + 1 \end{cases} \tag{4.43}$$

式中　i^*——等带宽矩阵中的行标;

j^*——等带宽矩阵中的列标;

i——全阵中的行标;

j——全阵中的列标。

因此,进行解算时,只需要在等带宽矩阵中按式(4.43)找到全阵中的对应元素即可,代入LU分解算法即可求解。

4.2 水溶开采沉陷有限元数值模拟

参照某盐矿的实际情况地层情况,对水溶开采沉陷进行有限元数值模拟,以期获得水溶开采沉陷的一般规律,为水溶开采沉陷预测模型的建立打下基础。

4.2.1 地层条件及力学参数

在进行模型构建时,将上覆岩层中岩性基本一致的岩层进行了复合处理。复合处理后形成7个复合岩层,其力学参数见表4.3。

表4.3 计算模型所用的岩石物理和力学参数

参数 \ 层号	1 底板	2 岩盐	3	4	5	6	7 表土
弹性模量/MPa	5 300	830	5 800	7 000	5 600	7 730	20
泊松比	0.220	0.450	0.233	0.256	0.210	0.178	0.3
初始内聚力/MPa	17.50	4.78	8.47	14.30	8.11	10.33	0.2
内摩擦角/(°)	48.3	36.0	44.2	43.7	43.3	42.1	18
容重/($MN \cdot m^{-3}$)	0.026 3	0.021 5	0.027 2	0.026 7	0.027 3	0.027 0	0.018 0
单轴抗拉强度/MPa	16.90	0.83	11.30	9.03	10.80	8.80	0.02
孔隙率/%	2.4	0.3	1.3	2.4	4.5	5.6	2.3
水平渗透系数/($\mu m \cdot d^{-1}$)	7.4	6.3	4.7	6.8	1.3	3.6	4.7
垂直渗透系数/($\mu m \cdot d^{-1}$)	6.2	4.3	3.5	3.9	9.4	2.3	5.8

各复合岩层的物理力学参数根据复合岩层中各组分岩层的物理力学参数按其厚度进行加权平均处理计算获得,即

$$x = \frac{\sum_{i=1}^{n} x_i h_i}{\sum_{i=1}^{n} h_i} \tag{4.44}$$

式中 x_i——相应复合岩层中第 i 分层的某物理力学参数在该复合岩层的加权平均值;

h_i——相应复合岩层中第 i 分层的厚度,n 是相应复合岩层中所包含的地质自然分层数。

4.2.2 模型建立

本文共建立了6种模型进行数值模拟研究。为研究层理对开采沉陷的影响,建立了一种

不考虑层理的单溶腔模型;为了研究不同倾角岩层的开采沉陷规律,分别建立了水平、15°、30° 3 种倾角岩层单溶腔模型;为了研究断层对开采沉陷的影响,建立了一种含有断层的模型;为了研究大范围多溶腔开采沉陷规律,建立了一种多溶腔模型。在这些模型中,后 5 种都考虑了层理面。

(1)模型尺寸及网格划分

模拟开采沉陷规律必须模拟整个上覆岩层。因此单溶腔模型的宽度为 2 000 m,高度为 690 m;多溶腔模型的宽度为 2 800 m,高度为 690 m。

网格(grid)的布置从岩盐开采处向四周逐渐变梳。单溶腔模型溶腔布置在模型盐层中心,最大跨距 180 m;多溶腔模型共在岩盐层等间距分布 4 个溶腔,溶腔间距 110 m,溶腔跨距 180 m。模型网络划分如图 4.8 至图 4.12 所示。

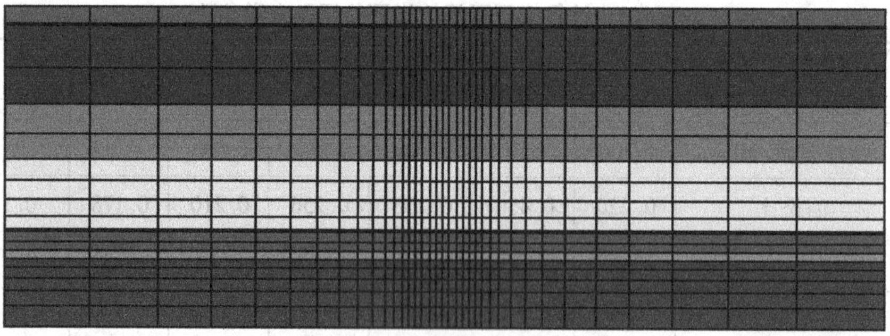

图 4.8　水平岩层单溶腔网格模型

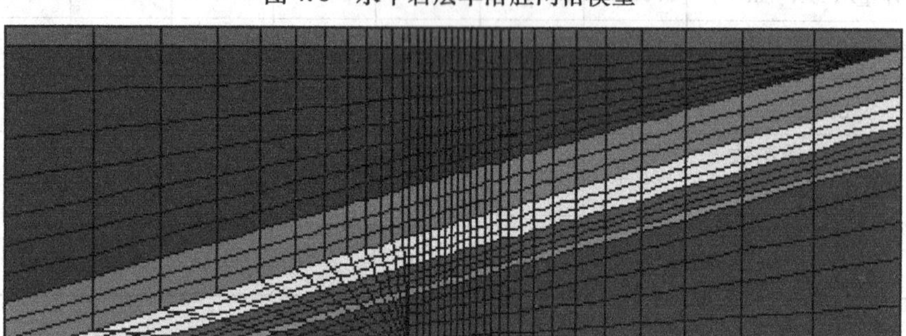

图 4.9　15 度倾角岩层单溶腔网格模型

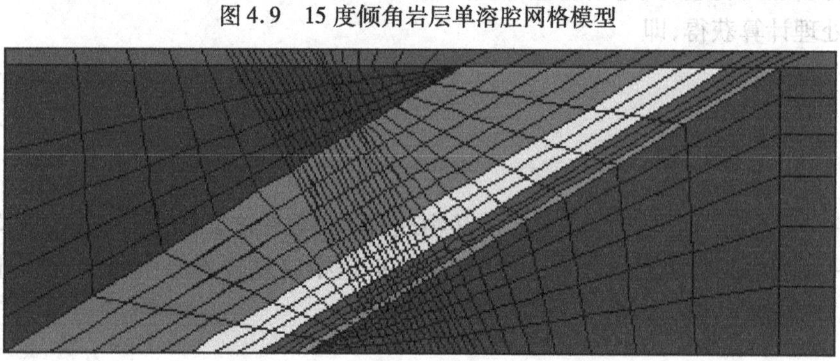

图 4.10　30 度倾角岩层单溶腔网格模型

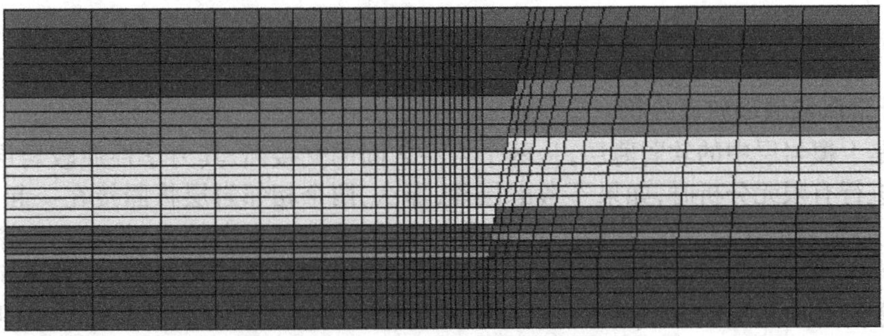

图4.11　断层单溶腔网格模型

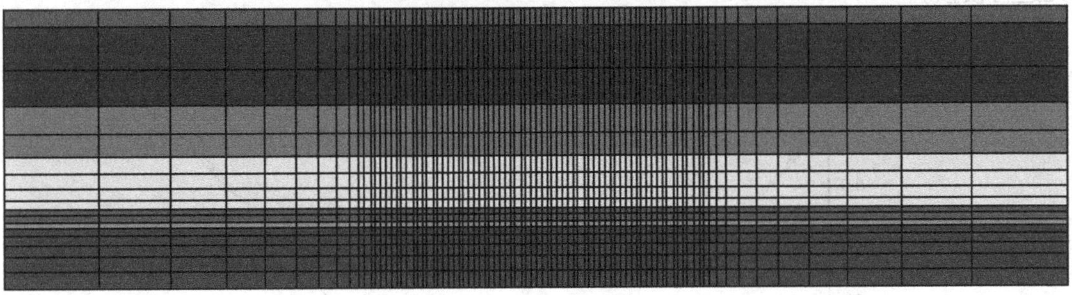

图4.12　多溶腔网格模型

(2)**边界条件**

由于计算模型模拟全高,模型上边界是地表为自由边界;模型左右两边离岩盐开采处很远,开采对其水平位移的影响可以不计,因此,对这两边加上水平方向固定约束;开采对模型下边界的垂直位移影响可以不计,因此,下边界加上垂直方向固定约束。水溶开采过程中,溶腔内有水压,会对溶腔顶板提供一定的支护作用,因此,每一步开挖后在溶腔壁上加上水压。模型边界条件如图4.13所示。

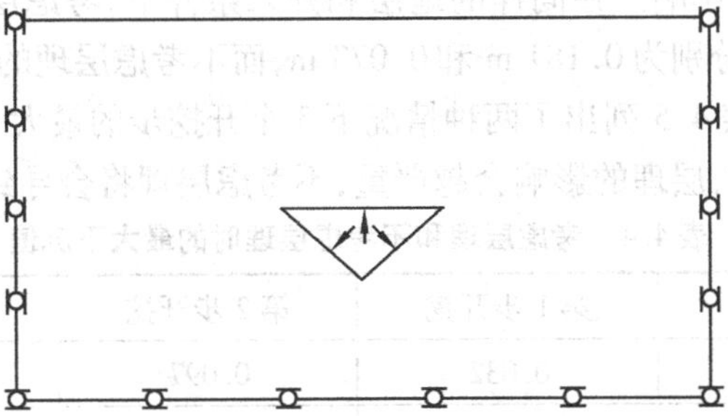

图4.13　模型上施加的载荷

(3)**开挖过程**

根据相同地质条件溶腔顶板完全破坏,溶腔报废时,溶腔的最大顶板跨距。每个溶腔分别设置3步开挖,每步开挖60 m,共开挖180 m。图4.14所示是模型分3步开挖后形成的溶腔。

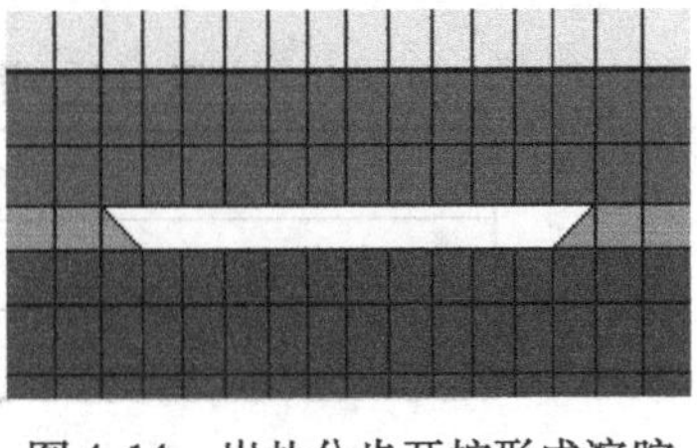

图4.14　岩盐分步开挖形成溶腔

4.2.3 模拟结果及分析

(1)开采沉陷层理效应分析

层理是上覆岩层中的软弱薄层,是两个岩层之间的交接面,其力学性质较岩层本身要差很多。在进行有限元分析时,如果不考虑层理,那么,两个相邻岩层将固接在一起,必须满足连续变形;而实际情况是,当矿物被不断开采出来后,采空区逐渐扩大,将会在上覆岩层的某些层理间产生滑动或分离(离层),使相邻的两岩层不满足连续变形条件,这样不可避免地造成计算误差。其中离层的现象在相似材料模拟实验和数值分析中都可直观看到(见图3.16、图4.15)。因此,在进行有限元数值模拟时必须考虑层理。本文模型中的层理用非线性接触元进行模拟。

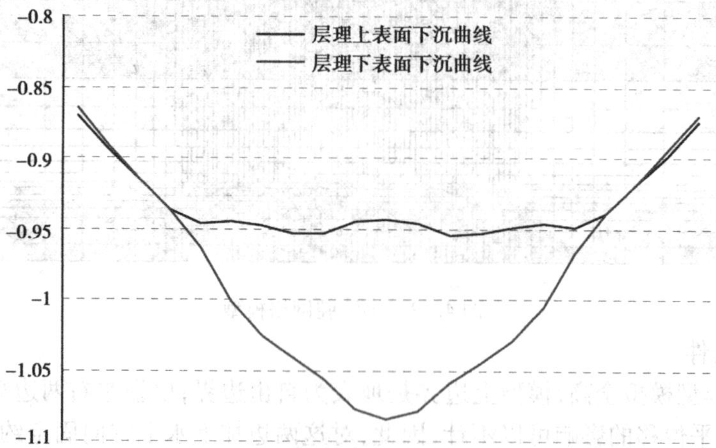

图4.15 开采过程中离层的产生

数值模拟结果表明层理对开采沉陷影响十分显著,用有限元模拟开采沉陷时,是否考虑层理,对预测精度有很大影响。在同样的地层和开采条件下,考虑层理模拟计算的地表最大下沉值和最大水平位移分别为0.181 m和0.073 m,而不考虑层理的计算结果分别为0.158 m和0.055 m。表4.4和表4.5列出了两种情况下3个开挖步的最大垂直和水平位移。可以看到,随着开采宽度的增加,层理的影响会越严重,不考虑层理将会导致模拟出现较大误差。

表4.4 考虑层理和不考虑层理时的最大下沉值

	第1步开挖	第2步开挖	第3步开挖
考虑层理	0.032	0.097	0.181
不考虑层理	0.029	0.085	0.158

表4.5 考虑层理和不考虑层理时的最大水平位移值

	第1步开挖	第2步开挖	第3步开挖
考虑层理	0.013	0.039	0.073
不考虑层理	0.011	0.032	0.055

开采沉陷的层理效应可以如下解释：

上覆岩层中的层理改变了其整体刚度，如果没有层理，上覆岩层相当于几个岩层黏合在一起组成一个厚度较大的梁或板，由于其厚度大，所以刚度很大，刚度大的厚硬岩层在岩层移动的发展过程中起着至关重要的作用，它的弯曲、稳定或断裂在很大程度上决定了地表下沉值的大小。因此，在弹性模量取值合理的条件下，用不设置层理的有限元计算模型得到的地表下沉值总是远小于工程实测值。设置层理以后，相当于原来刚度大的岩梁被层理面分隔成几个刚度较小的岩梁，刚度小了，在相同的开采程度下，就会产生更大的挠度或更易于失稳破坏，地表下沉值也相应增大。

（2）水平岩层开采沉陷规律

第1步开挖后，顶板悬空，在层理处的应力分布有压应力和切向应力，由于层理力学性质较岩层要差许多，切向应力将会导致层理产生相对滑动，从而破坏掉层理的完整性，使层理不能承受拉应力。但这时，由于悬空范围不大，两岩层间的垂直位移一样，水平位移不同，虽然层理破坏但还不会出现离层；第2步开挖后，顶板悬空距离增大，层理处仍然分布有压应力和切向应力，在切向应力的作用下，层理滑动范围增大，仍没有产生离层；随着第3步开挖的进行，顶板悬空距离继续增大，使层理上下面分离产生明显离层，离层最大分离距离为0.141 m（见图4.15）。悬空使顶板承受较大拉应力，拉应力使顶板破坏，破坏高度45 m（见图4.16）。

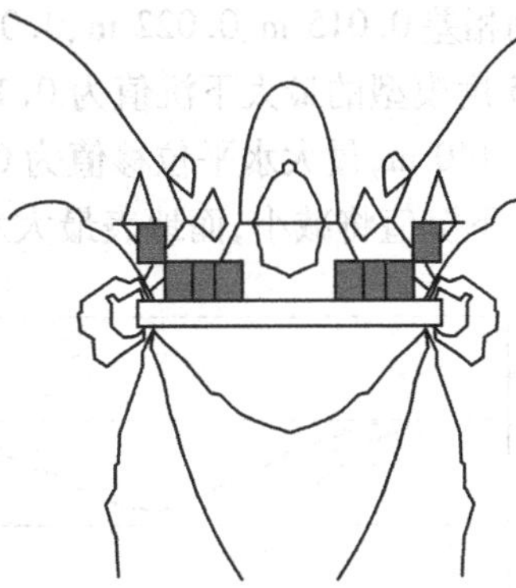

图4.16　顶板破坏范围

图4.17是水平单溶腔模型3步开挖形成的地表下沉曲线和地表水平位移曲线图。3步开挖导致地表的最大下沉值分别为0.032 m、0.097 m、0.181 m，地表最大下沉点在岩盐开始溶解点的正上方，曲线以最大值处为中点，左右对称分布；最大水平位移值分别为±0.013 m、±0.039 m、±0.073 m，对称分布于岩盐开始溶解点正上方的两旁，最大值的位置偏向于溶腔方向。

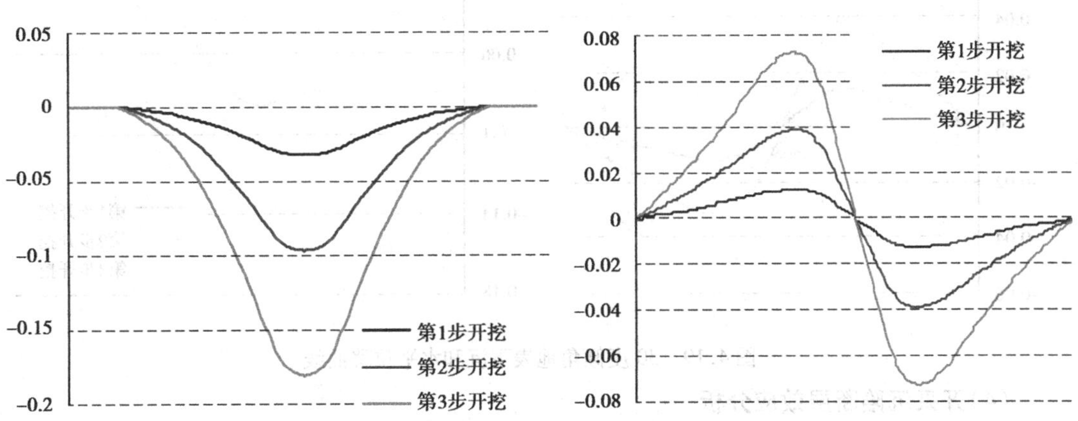

图4.17　水平岩层地表下沉和水平位移曲线

(3)**开采沉陷倾斜效应分析**

图4.18和图4.19分别是15度和30度倾角岩层开采地表下沉曲线和水平位移曲线图。

可以明显看到,地表最大下沉值位置向下山方向偏移,15度模型3步开挖的偏移量分别为8.06 m、16.13 m、24.19 m,30度模型3步开挖的偏移量为83.3 m、89.74 m、96.15 m。可见顶板跨距的增大或岩层倾角的增大,都将导致偏移量的增加;水平位移在下山方向的最大值比上山方向大,15度模型3步开挖分别相差0.002 m、0.004 m、0.018 m,30度模型3步开挖分别相差0.015 m、0.022 m、0.028 m。可见顶板跨距增大或倾角增大,都将导致差值的增加。15度模型的最大下沉值为0.175 m,最大水平位移值为0.080 m;30度模型的最大下沉值为0.140 m,最大水平位移值为0.108 m,可见随着倾角的增加,在开采相同量的岩盐时,地表最大下沉值将减小,而地表最大水平位移值将增加。

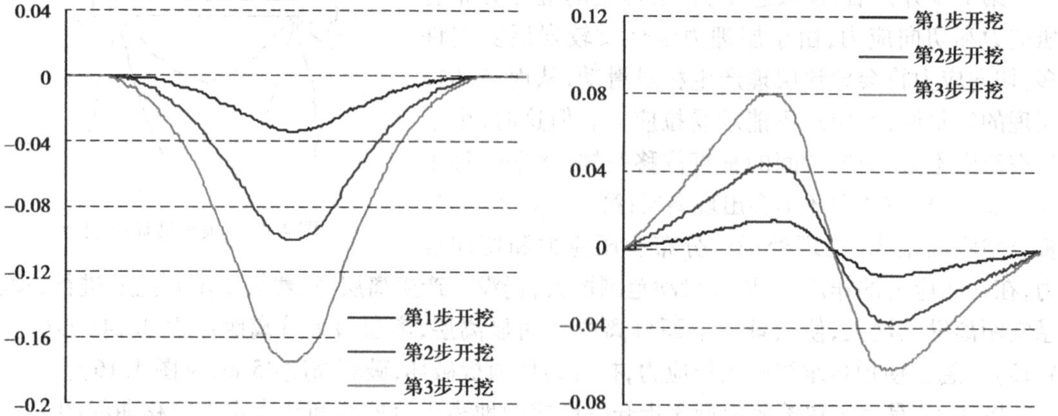

图4.18　15度倾角地表下沉和水平位移曲线

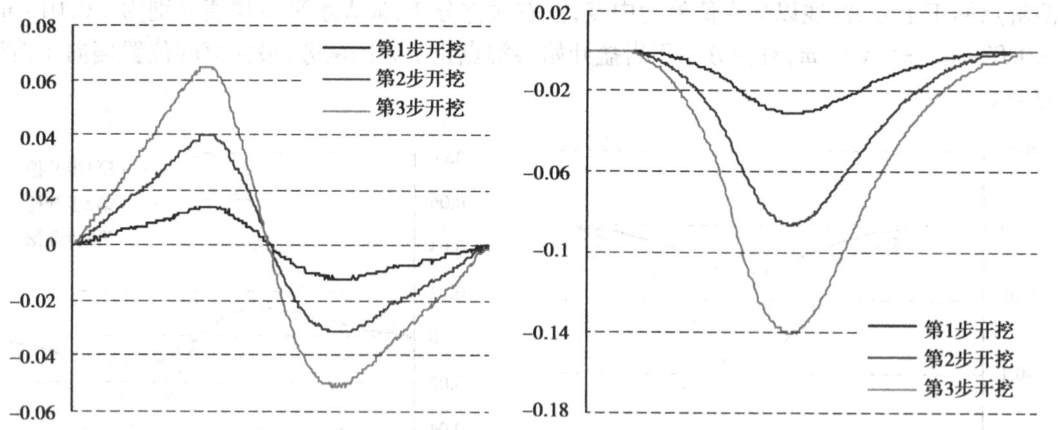

图4.19　30度倾角地表下沉和水平位移曲线

(4)**开采沉陷断层效应分析**

图4.20是含有断层的模型开采地表下沉曲线和水平位移曲线图。

可以看到,断层对开采沉陷的影响十分显著。3步开挖的地表最大下沉值为0.033 m、0.099 m、0.194 m;地表最大水平位移值在无断层方向为0.013 m、0.035 m、0.067 m,有断层

的方向为 -0.007 m、-0.03 m、-0.062 m，两边有一定差值，有断层方向的水平位移较小。与无断层水平模型相比，断层引起地表下沉值增大，水平位移值减小。同时断层的存在使地表最大下沉点向无断层方向偏移，水平位移的零点向无断层方向偏移，也就是说在有断层的一边，开采影响范围要大一些。随顶板跨距的增加，水平位移的零点也向无断层方向偏移。

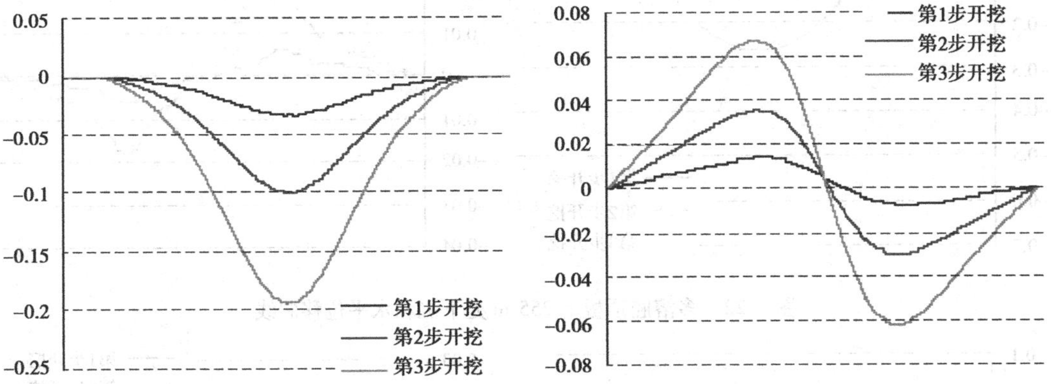

图 4.20　断层模型地表下沉和水平位移曲线

(5)多溶腔开采沉陷规律

图 4.21 是 4 个溶腔开采时，形成的地表下沉曲线和水平位移曲线，可见其形状与单溶腔开采时相似，只是数值大得多。相同地质条件下，多溶腔模型 3 步开挖的最大下沉值分别为 0.079 m、0.254 m、0.56 m，比单溶腔分别大 2.5、2.6、3.1 倍；3 步开挖的地表最大水平位移值分别为 ±0.029 m、±0.094 m、±0.205 m，比单溶腔分别大 2.2、2.4、2.8 倍。

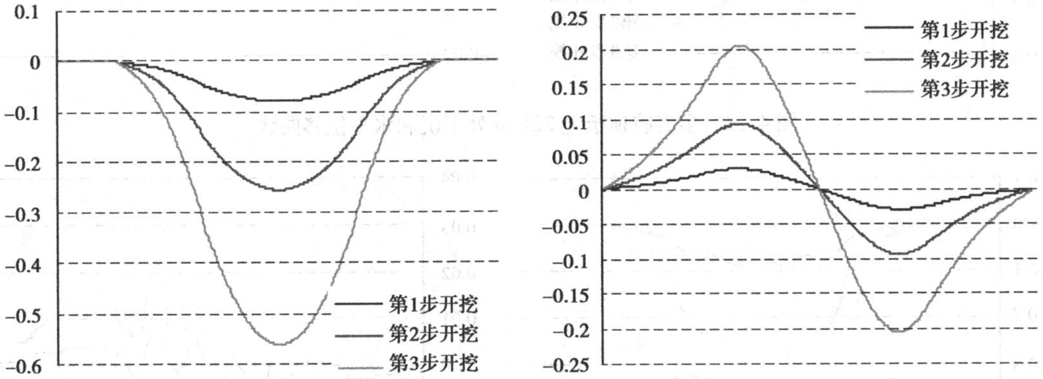

图 4.21　多溶腔地表下沉和水平位移曲线

数值模拟结果显示，多溶腔开采时，在距顶板一定距离的岩层内会出现波浪形曲线。图 4.24 是距顶板 115 m 处岩层的下沉曲线和水平位移曲线，两个图形呈现明显波动现象。但是这种现象会随着距顶板距离的增大而逐渐消失，变成和单溶腔开采相似的曲线。图 4.23 是溶腔顶板上 221 m 处的下沉曲线和水平位移曲线。这时，下沉曲线的波动基本消失，而水平位移曲线还有一定波动。直到顶板上 225 m 处(见图 4.22)，多溶腔开采造成的波动才基本消失，岩层移动和变形曲线的形状与单溶腔开采相似。因此，多溶腔开采引起的波动效果的影响范围，大约为采厚15倍，并且水平位移的波动范围比垂直位移范围大。

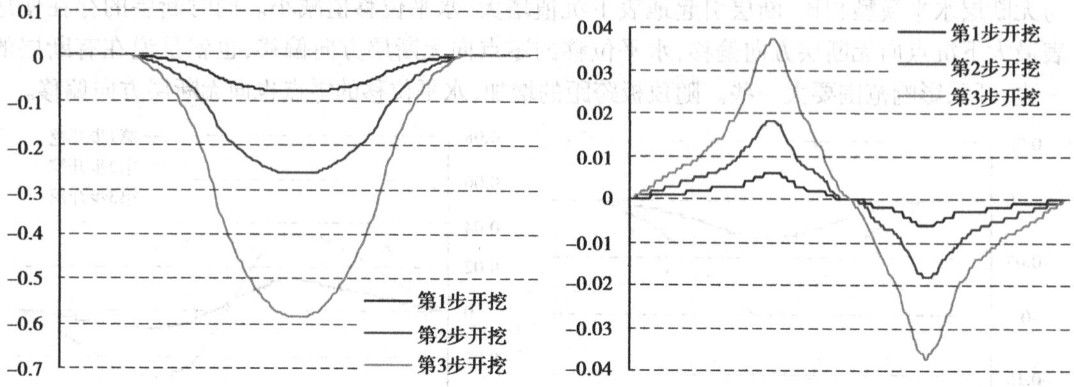

图 4.22　多溶腔顶板上 255 m 处下沉和水平位移曲线

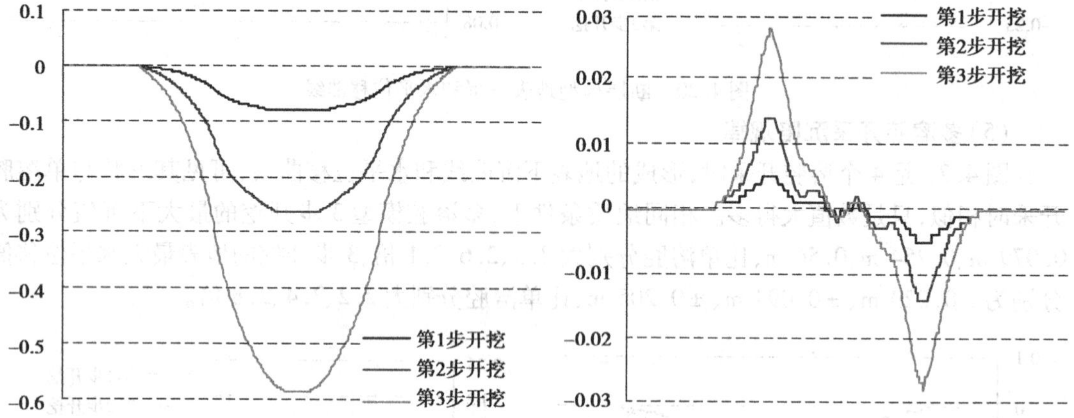

图 4.23　多溶腔顶板上 221 m 处下沉和水平位移曲线

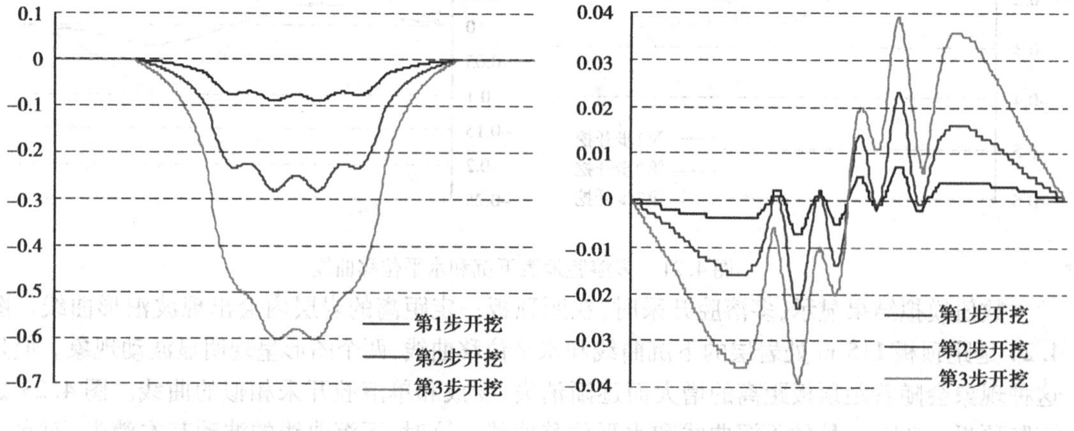

图 4.24　多溶腔顶板上 115 m 处下沉和水平位移曲线

(6)开采沉陷叠加原理

将地层条件完全相同的单溶腔模型，作完全相同的开挖模拟计算，得到地表下沉曲线和水平曲线后，按以下方式进行叠加：

设单溶腔开采地表下沉曲线方程为 $W_s(x)$，那么多溶腔叠加的方程为

$$W_m(x) = \sum_{i}^{n} W_s(x - l_i) \tag{4.45}$$

式中　n——溶腔数量；

l_i——第 i 个溶腔中点距原点坐标的距离。

如图4.25所示为叠加后的地表下沉曲线和地表水平移动曲线，将它们与4溶腔模型的地表下沉曲线和水平移动曲线（见图4.21）进行比较，可以发现它们的形状几乎一致，最大下沉值完全相同为0.56 m，最大水平位移值也基本相同，相差0.005 m。因此，多溶腔开采的地表变形可以用单溶腔开采的地表变形曲线叠加而得到，这一点对多溶腔开采沉陷预测十分重要。

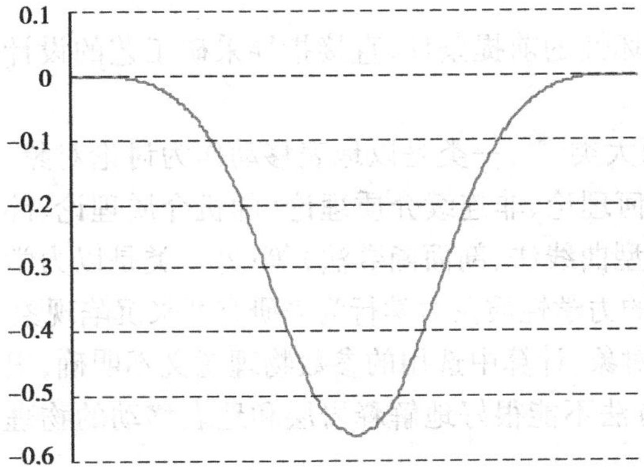

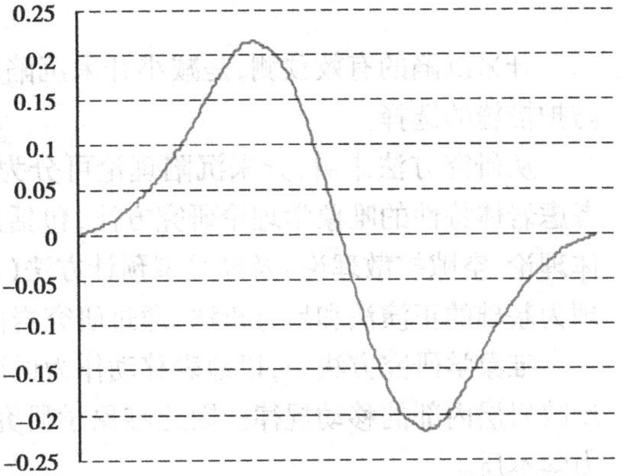

图4.25　4个单溶腔模型叠加后的下沉曲线

第5章 分层传递新概率积分三维预测模型

开采沉陷的有效预测，是减小开采沉陷破坏性的前提条件，直接指导采矿工艺的设计和防护措施的选择。

从研究方法来看，开采沉陷理论可分为两大类[28]，一类是以地表移动作为讨论对象，不考虑岩体特性的唯象学理论研究方法，包括几何理论、非连续介质理论(随机介质理论、碎块体理论、空隙扩散理论)及经验型预计方法(典型曲线法、剖面函数法)等；另一类是以力学原理为基础的正演法和反分析法，通过研究岩体的力学性质及力学行为来研究开采沉陷现象。

唯象学研究方法中，以地表移动作为讨论对象，计算中选用的参数物理意义不明确，很难反映岩层内部的移动规律。因此唯象学研究方法不能很好地解释岩层和地表移动的物理和力学本质。

基于力学的正演法和反分析法，应用力学理论研究岩体力学性质及力学行为，主要包括弹性理论、塑性理论、黏弹塑性理论、断裂理论、损伤力学等。这种方法能对岩层移动过程作出解释，计算中所需参数有各自的物理意义，概念比较清楚。但由于岩体结构及其力学行为、开采实际条件非常复杂，目前还没有成熟的计算岩体力学性态的模型和方法。

因此，综合应用这两种研究手段，在唯象学理论研究方法中，考虑岩体岩性、构造等力学因素是一个很好的解决方法。通过对概率积分法研究和拓展，引入岩石的力学性质，建立适用于岩盐水溶开采沉陷的分层传递新概率积分三维预测模型。

5.1 概率积分方法

5.1.1 基本原理

概率积分法以随机介质理论为基础，用非连续介质模型来模拟岩体[1]。开采引起的岩层和地表移动的规律与作为随机介质的颗粒介质模型所描述的规律在宏观上基本相似。

因此，在图5.1所示的理论模型中，将一个方格的小球移走后，上一层相邻两方格内的小

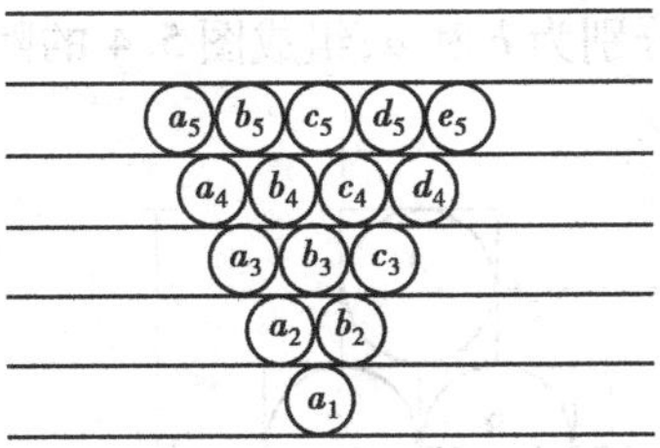

图 5.1　随机介质理论模型

球,将有一个随机滚入该方格,其概率是1/2。若图5.1中 a_1 格内的小球被移走后是 a_2 格内的小球滚入 a_1 格,则 a_2 格将被一个从第3分层的 a_3 或 b_3 格滚来的小球所占据;同样,若是 b_2 格内的小球滚入 a_1 格,则 b_2 格将被一个第3分层的 b_3 或 c_3 格滚来的小球所占据。根据概率相乘和相加定理,a_1 格的小球的放出,排空 a_3、b_3 或 c_3 格这3个事件发生的概率分别为 $1/2\times1/2=1/4$、$1/2\times1/2+1/2\times1/2=1/2$、$1/2\times1/2=1/4$;同理,排空第4分层 a_4、b_4 或 d_4 格这4个事件发生的概率分别为1/8、3/8、3/8和1/8……如此类推,把各个格子由于各小球的放出而排空的概率写在相应的格子中(见图5.2),就得到颗粒移动概率分布直方图(见图5.3)。

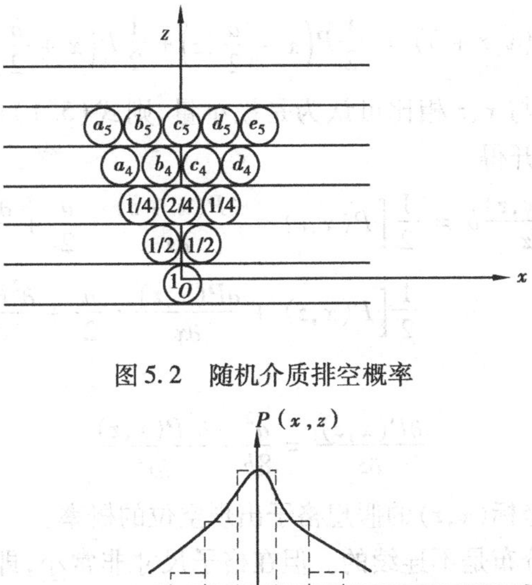

图 5.2　随机介质排空概率

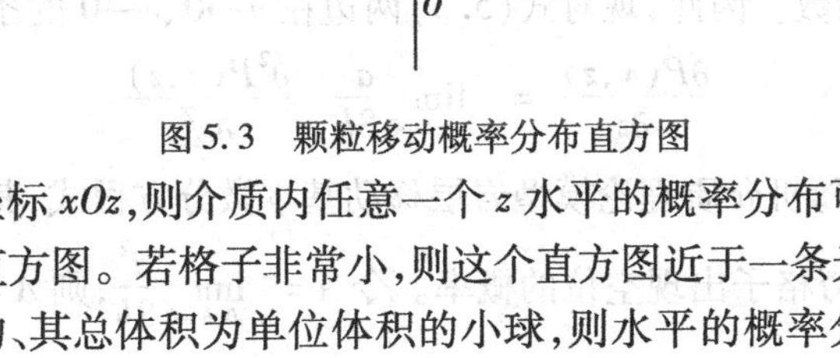

图 5.3　颗粒移动概率分布直方图

若选取图5.3的坐标 xOz,则介质内任意一个 z 水平的概率分布可以绘成图5.3上方的虚线所示的概率分布直方图。若格子非常小,则这个直方图近于一条光滑的曲线。如果在 a_1 格处放出数量相当多的、其总体积为单位体积的小球,则水平的概率分布曲线趋近于一条正态分布概率密度曲线。

取图5.2中的任意3格相邻的格子 A、B、C,它们的中点坐标分别是 $(x,z+b)$, $\left(x-\frac{a}{2},z\right)$

和$\left(x+\frac{a}{2},z\right)$,设格子的长和宽分别为 b 和 a,组成图 5.4 的随机游动模型。

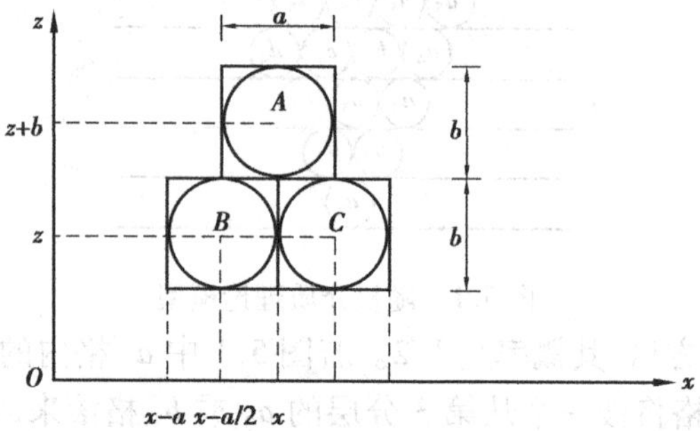

图 5.4　随机游动模型

若格子 B 和 C 的小球都被移走后,格子 B 和 C 中均出现空位,则格子 A 中的小球在自重作用下可能向 B 或 C 空位移动,其概率均为 1/2。设 $P(x,z+b)$,$P\left(x-\frac{a}{2},z\right)$和$P\left(x+\frac{a}{2},z\right)$分别表示图 5.1 中的 a_1 格放出若干个小球时,A、B 和 C 格子中的小球发生移动使相应格子出现空位的概率,则根据概率的相乘和相加定义,可得

$$P(x,z+b)=\frac{1}{2}P\left(x-\frac{a}{2},z\right)+\frac{1}{2}P\left(x+\frac{a}{2},z\right) \tag{5.1}$$

若格子非常小,a、b 与 x、z 相比可认为是极小量,则式(5.1)中含有概率 P 的项可在点(x,z)附近用台劳公式展开得

$$P(x,z)+\frac{\partial P(x,z)}{\partial z}b=\frac{1}{2}\left[P(x,z)-\frac{\partial P(x+z)}{\partial x}\cdot\frac{a}{2}+\frac{\partial^2 P(x,z)}{\partial x^2}\cdot\frac{a^2}{8}\right]+\frac{1}{2}\left[P(x,z)+\frac{\partial P(x,z)}{\partial x}\cdot\frac{a}{2}+\frac{\partial^2 P(x,z)}{\partial x^2}\cdot\frac{a^2}{8}\right] \tag{5.2}$$

整理后得到

$$\frac{\partial P(x,z)}{\partial z}=\frac{a^2}{8b}\cdot\frac{\partial^2 P(x,z)}{\partial x^2} \tag{5.3}$$

式中　$P(x,z)$——中点坐标(x,z)的假想格子出现空位的概率。

$P(x,z)$在岩体内的分布是不连续的。但在格子尺寸非常小,即 $a\to0$、$b\to0$ 时,$P(x,z)$可近似地看成连续分布函数。因此,现对式(5.3)两边在 $a\to0$、$b\to0$ 的条件下取极限,可得

$$\frac{\partial P(x,z)}{\partial z}=\lim_{a\to0,b\to0}\frac{a^2}{8b}\cdot\frac{\partial^2 P(x,z)}{\partial x^2} \tag{5.4}$$

式(5.4)为图 5.1 随机介质理论模型岩层移动基本微分方程式,其解 $P(x,z)$为一个连续函数,表示点附近的无穷格子出现空位的概率。令 $A=\lim_{a\to0,b\to0}\frac{a^2}{8b}$,则 A 为一个反映格子尺寸的常数,则有

$$\frac{\partial P(x,z)}{\partial z}=A\frac{\partial^2 P(x,z)}{\partial x^2} \tag{5.5}$$

对式(5.5)求解,根据该理论模型的假设和采矿实际可得边界条件为

$$P(x,0) = \delta(x) \tag{5.6}$$

式中　$\delta(x)$——狄拉克函数,其定义为

$$\begin{cases} \delta(x) = \begin{cases} 0 & x \neq 0 \\ \infty & x = 0 \end{cases} \\ \int_{-\infty}^{+\infty} \delta(x)\,\mathrm{d}x = 1 \end{cases}$$

狄拉克函数使下式成立

$$\int_{-\infty}^{+\infty} \delta(x) f(x,y)\,\mathrm{d}x = f(0,y) \tag{5.7}$$

边值条件式的物理意义是只在图5.1所示的理论模型中的格子 a_1 排出数量相当多而总体积为单位体积的小球,其他任何点均不排出小球。这个情况相当于采矿中的单元开采。以此边值条件从基本微分方程解出的 $P(x,z)$ 表示在单元开采时,点 (x,z) 附近出现空格的概率。

由边值条件和基本微分方程可得[121]

$$P(x,z) = \frac{1}{\sqrt{4A\pi z}} \int_{-\infty}^{+\infty} \delta(\zeta) e^{-\frac{(\zeta - x^2)}{4Ax}} \mathrm{d}\zeta \tag{5.8}$$

考虑式(5.7),式(5.8)可化为

$$P(x,z) = \frac{1}{\sqrt{4A\pi z}} e^{-\frac{x^2}{4Az}} \tag{5.9}$$

令 $r_z = \sqrt{4A\pi z}$,则式(5.9)可化为

$$P(x,z) = \frac{1}{r_z} e^{-\pi \frac{x^2}{r_z^2}} \tag{5.10}$$

此时,$P(x,z)$ 在数值上等于单元开采引起 (x,z) 点的下沉量 $W_e(x,z)$。所以,有

$$W_e(x,z) = \frac{1}{r_z} e^{-\pi \frac{x^2}{r_z^2}} \tag{5.11}$$

式(5.11)即为单元开采时引起点 (x,z) 的下沉影响函数。相对地面 z 等于开采深度,为常数。因此,r_z 也为常数,令其为 r(为主要影响半径),则式(5.11)可写为

$$W_e(x) = \frac{1}{r} e^{-\pi \frac{x^2}{r^2}} \tag{5.12}$$

式(5.12)即为单元下沉盆地的表达式,与正态分布概率密度函数相同。

为了确定单元水平移动作如下假设:在单元开采影响下,岩体产生的变形和移动很小,并且连续分布;在单元开采作用下,岩体虽发生变形,但总体积保持不变。根据弹性力学,材料的体积应变 e 可表示为3个轴的线应变 ε_x、ε_x、ε_z 之和:$\varepsilon = \varepsilon_x + \varepsilon_y + \varepsilon_z$。对于图5.1所示的二维情况,有

$$\varepsilon_x + \varepsilon_y = 0 \tag{5.13}$$

根据弹性力学公式并考虑本理论模型假设,有

$$\begin{cases} \varepsilon_x = \dfrac{\partial U_e(x,z)}{\partial x} \\ \varepsilon_y = -\dfrac{\partial W_e(x,z)}{\partial z} \end{cases} \tag{5.14}$$

代入式(5.13),可得

$$\frac{\partial W_e(x,z)}{\partial z} = \frac{\partial U_e(x,z)}{\partial x} \tag{5.15}$$

对式(5.11)的 z 求偏导数,可得

$$\frac{\partial W_e(x,z)}{\partial z} = \frac{1}{r_z^2}\frac{\mathrm{d}r_z}{\mathrm{d}z}\left(\frac{2\pi x^2}{r_z^2} - 1\right)e^{-\pi\frac{x^2}{r_z^2}} \tag{5.16}$$

对式(5.15)的 x 积分,可得

$$U_e(x,z) = \int \frac{\partial W_e(x,z)}{\partial z}\mathrm{d}x + c(z) \tag{5.17}$$

将式(5.16)代入式(5.17),可得

$$U_e(x,z) = -\frac{x}{r_z^2}\cdot\frac{\mathrm{d}r_z}{\mathrm{d}z}e^{-\pi\frac{x^2}{r_z^2}} + c(z) \tag{5.18}$$

将式(5.12)的 x 求偏导数,代入式(5.18),整理简化后地表单元水平移动表达式为

$$U_e(x) = -\frac{2\pi Bx}{r^3}e^{-\pi\frac{x^2}{r^2}} \tag{5.19}$$

该方法经国内外多年实践证明具有较高的准确性。已经发展成熟为一种广泛应用于预分析开采沉陷的方法,共有 4 个主要参数,即下沉系数 q,最大影响角正切 $\tan\beta$,拐点偏距 S_0 和水平移动系数 b。

虽然,目前涌现出了许多新的开采沉陷预测技术和方法,但概率积分法仍然是应用最方便和最广泛的方法,近年来,许多学者应用新的技术和理论,对概率积分法进行改进,使其预测精度不断提高。

5.1.2 概率积分法的缺点及改进

概率积分法预计模型作为我国一种较为成熟、也是应用最多的一种开采沉陷预计方法,在实际应用中取得了良好的效果[1]。但是它同时也存在明显的缺陷和不足:

①概率积分法是一种采用唯象学理论,特征研究停留在现象的外观描述上,绕开岩体本身的结构,从地表观测入手,直接将地表沉陷值与地质采矿因素联系起来,在大量的地表观测资料的基础上,进行统计分析,得到描述地表移动变形的统计方法。概率积分法只适用于岩体结构比较简单的情况下,因其简单易行,得到了广泛的应用,但因回避了岩体的本构关系,在岩体结构复杂的情况下,计算误差较大。

②概率积分法是从煤矿巷采的假设推导出来的,适用于固体矿巷采单向推进的二维开采方式,而不适用于岩盐等水溶开采全向推进开采方式的开采沉陷预测。

③概率积分法对非充分采动时预计误差较大。

④概率积分法将整个上覆岩层看成一个整体,作为研究对象,而不考虑各岩层间各种参数,如力学性质、几何尺寸和地质构造的差别,导致预测误差较大。

⑤概率积分将上覆岩层看成各向同性体，由于岩层中裂隙、节理、断层等不连续面的存在，岩层应该表现出各向异性。

针对以上不足，作者将力学研究手段与唯象学研究方法结合起来，推导出适用于岩盐水溶开采的三维模型。研究开采沉陷的分层传递规律，在模型中充分考虑不同岩层岩性的差别，并且在模型建立过程中考虑了裂隙、节理、断层等造成的岩层各向异性等情况。为了区别，将新推导出来的模型称为新概率积分法。

5.2　新概率积分三维预测模型

概率积分法是针对于煤矿巷采情况推导出来的，水溶开采和巷采的推进方式有很大的不同，水溶开采是全向推进，而巷采是单向推进。因此，本书以随机介质理论为基础，应用非连续介质模型来模拟岩体，推导新概率积分三维预测模型，使概率积分方法能够应用于岩盐水溶开采沉陷的预测。

5.2.1　单元开采新概率积分三维模型

理论和实验证明开采引起的岩层和地表移动的规律与作为随机介质的颗粒介质模型所描述的规律在宏观上基本相似[1]。

可构造一个随机介质的三维模型，如图5.5所示。在该三维理论模型中，将一个方格的小球移走后，上一层相邻4个方格内的小球，将有一个随机滚入该方格，其概率是1/4。这样根据概率相乘和相加定理，可以计算出每层中各小球因下一层小球被移走后，而掉入下一层的概率分布，将该概率填入每层小球的方格中，形成每层概率分布图（见图5.6）。

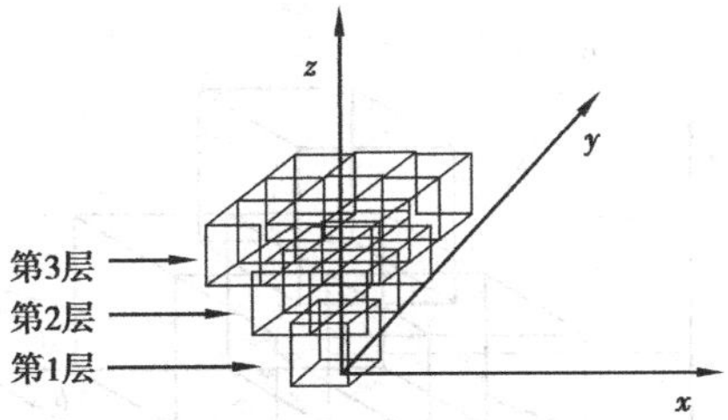

图5.5　随机介质三维理论模型

现在，取任意相邻的5个小球为研究对象，图5.5中的任意5格相邻的格子A、B、C、D、E，设格子的长、宽、高分别为a、b、c，则它们的中点坐标分别是$(x,y,z+c)$，$\left(x+\frac{a}{2},y+\frac{b}{2},z\right)$，$\left(x+\frac{a}{2},y-\frac{b}{2},z\right)$，$\left(x-\frac{a}{2},y-\frac{b}{2},z\right)$和$\left(x-\frac{a}{2},y+\frac{b}{2},z\right)$，组成图5.7所示的三维随机游动模型。

若格子B、C、D、E中的小球都被移走后，格子B、C、D、E中均出现空位，则格子A中的小球在自重作用下可能向B、C、D、E空位移动，其概率均为1/4。设$P(x,y,z+c)$，$P\left(x+\frac{a}{2},y+\frac{b}{2},z\right)$，$P\left(x+\frac{a}{2},y-\frac{b}{2},z\right)$，$P\left(x-\frac{a}{2},y-\frac{b}{2},z\right)$和$P\left(x-\frac{a}{2},y+\frac{b}{2},z\right)$分别表示图

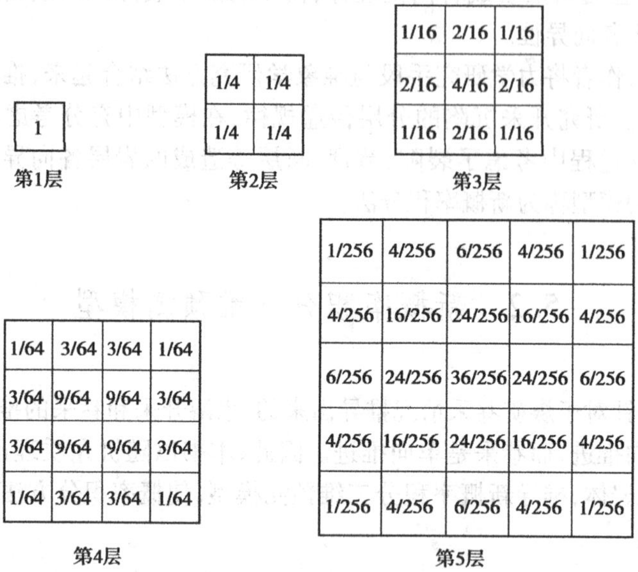

图 5.6　三维模型每层概率分布图

5.5中的最底层放出若干个小球时，图 5.7 的 A、B、C、D、E 格子中的小球发生移动使相应格子出现空位的概率，则根据概率的相乘和相加定义，可得

$$P(x,y,z+c)=\frac{1}{4}P\left(x+\frac{a}{2},y+\frac{b}{2},z\right)+\frac{1}{4}P\left(x+\frac{a}{2},y-\frac{b}{2},z\right)+\frac{1}{4}P\left(x-\frac{a}{2},y-\frac{b}{2},z\right)+\frac{1}{4}P\left(x-\frac{a}{2},y+\frac{b}{2},z\right) \tag{5.20}$$

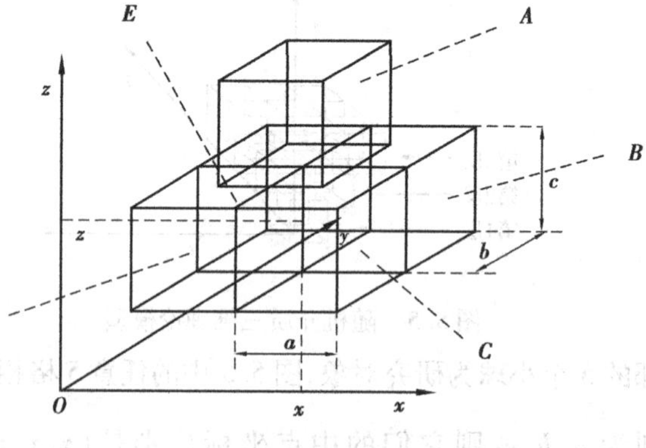

图 5.7　三维随机游动模型

假设格子很小，a、b、c 与 x、y、z 相比可认为是极小量，则上式中含有概率 P 的项可在点 (x,y,z) 附近用三元泰勒公式展开[123]，取前两项得

$$P(x,y,z)+\frac{\partial P(x,y,z)}{\partial z}c=\frac{1}{4}\left[P(x,y,z)+\frac{\partial P(x,y,z)}{\partial x}\cdot\frac{a}{2}+\frac{\partial P(x,y,z)}{\partial y}\cdot\frac{b}{2}+\frac{\partial^2 P(x,y,z)}{\partial x^2}\cdot\frac{a^2}{8}+\frac{\partial^2 P(x,y,z)}{\partial y^2}\cdot\frac{b^2}{8}\right]+$$

$$\frac{1}{4}\left[P(x,y,z)+\frac{\partial P(x,y,z)}{\partial x}\cdot\frac{a}{2}-\frac{\partial P(x,y,z)}{\partial y}\cdot\frac{b}{2}+\frac{\partial^2 P(x,y,z)}{\partial x^2}\cdot\frac{a^2}{8}+\frac{\partial^2 P(x,y,z)}{\partial y^2}\cdot\frac{b^2}{8}\right]+\frac{1}{4}\left[P(x,y,z)-\frac{\partial P(x,y,z)}{\partial x}\cdot\frac{a}{2}-\frac{\partial P(x,y,z)}{\partial y}\cdot\frac{b}{2}+\frac{\partial^2 P(x,y,z)}{\partial x^2}\cdot\frac{a^2}{8}+\frac{\partial^2 P(x,y,z)}{\partial y^2}\cdot\frac{b^2}{8}\right]+\frac{1}{4}\left[P(x,y,z)-\frac{\partial P(x,y,z)}{\partial x}\cdot\frac{a}{2}+\frac{\partial P(x,y,z)}{\partial y}\cdot\frac{b}{2}+\frac{\partial^2 P(x,y,z)}{\partial x^2}\cdot\frac{a^2}{8}+\frac{\partial^2 P(x,y,z)}{\partial y^2}\cdot\frac{b^2}{8}\right] \tag{5.21}$$

整理得到

$$\frac{\partial P(x,y,z)}{\partial z}=\frac{a^2}{8c}\cdot\frac{\partial^2 P(x,y,z)}{\partial x^2}+\frac{b^2}{8c}\cdot\frac{\partial^2 P(x,y,z)}{\partial y^2} \tag{5.22}$$

式中，$P(x,y,z)$表示中点坐标(x,y,z)的假想格子出现空位的概率。$P(x,y,z)$在岩体内的分布是不连续的。但在格子尺寸非常小，即$a\to 0$、$b\to 0$、$c\to 0$时，$P(x,y,z)$可近似地看成连续分布函数。因此，现对上式两边在$a\to 0$、$b\to 0$、$c\to 0$的条件下取极限，可得

$$\frac{\partial P(x,y,z)}{\partial z}=\lim_{a\to 0,b\to 0,c\to 0}\frac{a^2}{8c}\cdot\frac{\partial^2 P(x,y,z)}{\partial x^2}+\lim_{a\to 0,b\to 0,c\to 0}\frac{b^2}{8c}\cdot\frac{\partial^2 P(x,y,z)}{\partial y^2} \tag{5.23}$$

令$A=\lim\limits_{a\to 0,c\to 0}\dfrac{a^2}{8c}$，$B=\lim\limits_{b\to 0,c\to 0}\dfrac{b^2}{8c}$，则有

$$\frac{\partial P(x,y,z)}{\partial z}=A\frac{\partial^2 P(x,y,z)}{\partial x^2}+B\frac{\partial^2 P(x,y,z)}{\partial y^2} \tag{5.24}$$

式(5.24)为图5.5三维随机介质理论模型岩层移动基本微分方程式，A、B为反映格子尺寸的常数，其解$P(x,y,z)$为一个连续函数，表示点附近的无穷格子出现空位的概率。

式(5.24)是一个二阶三维偏微分方程，根据模型假设条件可以得到边值条件为

$$\begin{cases}P(x,y,0)=\delta(x,y)\\ y>0\end{cases} \tag{5.25}$$

$$\delta(x,y)\text{满足}\begin{cases}\delta(x,y)=\begin{cases}0 & x\neq 0\text{ 或 }y\neq 0\\ \infty & x,y=0\end{cases}\\ \displaystyle\int_{-\infty}^{+\infty}\int_{-\infty}^{+\infty}\delta(x,y)\,\mathrm{d}x\mathrm{d}y=1\end{cases}$$

有

$$\int_{-\infty}^{+\infty}\int_{-\infty}^{+\infty}\delta(x,y)f(x,y,z)\,\mathrm{d}x\mathrm{d}y=f(0,0,z) \tag{5.26}$$

如果将式(5.24)中的z看成时间，则偏微分方程式(5.24)，是一个二阶热传导方程[122]，其解为

$$P(x,y,z)=\frac{1}{\left(2\sqrt{\pi z\dfrac{2A\cdot B}{A+B}}\right)^2}\int_{-\infty}^{+\infty}\int_{-\infty}^{+\infty}\delta(\xi_1,\xi_2)\exp\left[-\frac{\left(\sqrt{\dfrac{2B}{A+B}}x-\xi_1\right)^2+\left(\sqrt{\dfrac{2A}{A+B}}y-\xi_2\right)^2}{4z\left(\sqrt{\dfrac{2A\cdot B}{A+B}}\right)^2}\right]\mathrm{d}\xi_1\mathrm{d}\xi_2 \tag{5.27}$$

考虑式(5.26)，有

$$P(x,y,z) = \frac{A+B}{8\pi zA\cdot B}\exp\left[-\frac{(A+B)\left(\frac{2B}{A+B}x^2+\frac{2A}{A+B}y^2\right)}{8zA\cdot B}\right] \tag{5.28}$$

$P(x,y,z)$在数值上等于单元开采时引起点(x,y,z)的下沉量，用$W_e(x,y,z)$，则

$$W_e(x,y,z) = \frac{A+B}{8\pi zA\cdot B}\exp\left[-\frac{(A+B)\left(\frac{2B}{A+B}x^2+\frac{2B}{A+B}y^2\right)}{8zA\cdot B}\right]$$

$$= \frac{A+B}{8\pi zAB}\exp\left[-\frac{1}{4z}\left(\frac{x^2}{A}+\frac{y^2}{B}\right)\right] \tag{5.29}$$

5.2.2 新概率积分三维预测模型

(1)地表沉降预测公式

水溶开采，岩盐以一个中心点向四周溶解，设溶腔空间为V，则水溶开采引起的地表沉陷预测公式推导如下：

因为单元开采地表沉陷公式为

$$W_e(x,y,z) = \frac{A+B}{8\pi zAB}\exp\left[-\frac{1}{4z}\left(\frac{x^2}{A}+\frac{y^2}{B}\right)\right]$$

如图5.8所示，整个溶腔开采区域引起的点$A(x,y,z)$的沉陷量为

$$W(x,y,z) = \iiint_V W_e(x-s_x,y-s_y,z-s_z)\,\mathrm{d}V \tag{5.30}$$

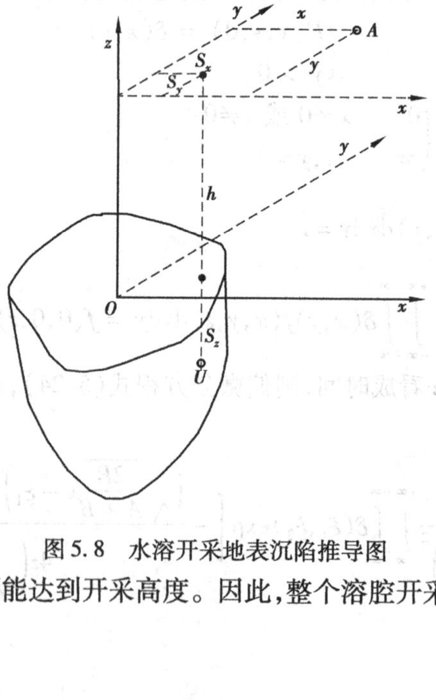

图5.8　水溶开采地表沉陷推导图

考虑到顶板下沉量不可能达到开采高度。因此，整个溶腔开采区域引起的点$A(x,y,z)$的沉陷量应修正为

$$W(x,y,z) = q\iiint_V W_e(x - s_x, y - s_y, z - s_z)\,\mathrm{d}V$$

$$= q\iiint_V \frac{A + B}{8\pi(z - s_z)A \cdot B}\exp\left\{-\frac{1}{4z}\left[\frac{(x - s_x)^2}{A} + \frac{(y - s_y)^2}{B}\right]\right\}\mathrm{d}s_x\mathrm{d}s_y\mathrm{d}s_z \quad (5.31)$$

式中　q——地表下沉系数。

对于地表 z 为常数,等于采深 h。因此,上式可写为

$$W(x,y) = q\iiint_V \frac{A + B}{8\pi(h - s_z)A \cdot B}\exp\left\{-\frac{1}{4(h - s_z)}\left[\frac{(x - s_x)^2}{A} + \frac{(y - s_y)^2}{B}\right]\right\}\mathrm{d}s_x\mathrm{d}s_y\mathrm{d}s_z \quad (5.32)$$

令　$r_x = \sqrt{4A\pi h}, r_y = \sqrt{4B\pi h}$,分别称之为 x 和 y 方向的地表影响半径。这样式(5.32)中的 A 和 B 可以分别用 r_x、r_y 来表示:$A = \frac{r_x^2}{4\pi h}, B = \frac{r_y^2}{4\pi h}$,那么式(5.32)可写为

$$W(x,y) = q\iiint_V \frac{h}{2(h - s_z)}\left(\frac{1}{r_x^2} + \frac{1}{r_y^2}\right)\exp\left\{-\pi\frac{h}{(h - s_z)}\left[\frac{(x - s_x)^2}{r_x^2} + \frac{(y - s_y)^2}{r_y^2}\right]\right\}\mathrm{d}s_x\mathrm{d}s_y\mathrm{d}s_z \quad (5.33)$$

即为开采沉陷新概率积分三维预测模型。

对于煤矿开采,采厚 m 一般都远小于采深 h,而 $s_z < m$。因此,$s_z \ll h$。因此,式(5.33)可以简写为

$$W(x,y) = q\iiint_V \frac{1}{2}\left(\frac{1}{r_x^2} + \frac{1}{r_y^2}\right)\exp\left\{-\pi\left[\frac{(x - s_x)^2}{r_x^2} + \frac{(y - s_y)^2}{r_y^2}\right]\right\}\mathrm{d}s_x\mathrm{d}s_y\mathrm{d}s_z \quad (5.34)$$

煤矿开采空间规则,大都为长方体,s_z 与 s_x、s_y 无关。因此,式(5.35)可写为

$$W(x,y) = qm\iint_S \frac{1}{2}\left(\frac{1}{r_x^2} + \frac{1}{r_y^2}\right)\exp\left\{-\pi\left[\frac{(x - s_x)^2}{r_x^2} + \frac{(y - s_y)^2}{r_y^2}\right]\right\}\mathrm{d}s_x\mathrm{d}s_y \quad (5.35)$$

式中　m——煤层厚度;

　　　S——开采空间上底面方程。

设 S 在水平面上的投影为 D,S 的倾角为 α,并且沿走向设置为 x 轴,沿倾向设置 y 轴,那么,区域 S 的方程可写为 $z = y_s\tan\alpha$,那么

$$\mathrm{d}s_x\mathrm{d}s_y = \sqrt{1 + \left(\frac{\partial z}{\partial x_s}\right)^2 + \left(\frac{\partial z}{\partial y_s}\right)^2}\,\mathrm{d}d_x\mathrm{d}d_y$$

$$= \sqrt{1 + \tan^2\alpha}\,\mathrm{d}d_x\mathrm{d}d_y = |\cos\alpha|\mathrm{d}d_x\mathrm{d}d_y = \cos\alpha\mathrm{d}d_x\mathrm{d}d_y \quad (5.36)$$

考虑式(5.36),式(5.35)可写为

$$W(x,y) = mq\cos\alpha\frac{1}{r^2}\iint_D \exp\left\{-\pi\frac{1}{r^2}\left[(x - d_x)^2 + (y - d_y)^2\right]\right\}\mathrm{d}d_x\mathrm{d}d_y \quad (5.37)$$

即为煤矿开采沉陷三维预测模型。

因此,煤矿开采沉陷三维预测模型,是开采沉陷新概率积分三维预测模型的特例。

(2)延指定方向的地表倾斜预计公式

地表点 $A(x,y)$ 延 φ 方向的倾斜用 $i(x,y,\varphi)$ 表示,那么等于 $W(x,y)$ 在 φ 方向的方向导

数,即

$$i(x,y,\varphi) = \frac{\partial W(x,y)}{\partial \varphi} = \frac{\partial W(x,y)}{\partial x}\cos\varphi + \frac{\partial W(x,y)}{\partial y}\sin\varphi \tag{5.38}$$

(3)延指定方向的地表曲率预计公式

地表点$A(x,y)$延φ方向的曲率用$K(x,y,\varphi)$表示,那么等于$i(x,y,\varphi)$在φ方向的方向导数,即

$$\begin{aligned}K(x,y,\varphi) &= \frac{\partial i(x,y,\varphi)}{\partial \varphi} = \frac{\partial i(x,y,\varphi)}{\partial x}\cos\varphi + \frac{\partial i(x,y,\varphi)}{\partial y}\sin\varphi \\ &= \frac{\partial^2 W(x,y)}{\partial x^2}\cos^2\varphi + \frac{\partial^2 W(x,y)}{\partial x\partial y}\sin 2\varphi + \frac{\partial^2 W(x,y)}{\partial y^2}\sin^2\varphi\end{aligned} \tag{5.39}$$

(4)延指定方向地表水平移动预计公式

地表点$A(x,y)$延φ方向的水平移动用$U(x,y,\varphi)$表示,根据水平位移与地表倾斜成正比可得

$$\begin{aligned}U(x,y,\varphi) &= \frac{(b_x+b_y)(r_x+r_y)}{4}i(x,y,\varphi) \\ &= \frac{(b_x+b_y)(r_x+r_y)}{4}\left[\frac{\partial W(x,y)}{\partial x}\cos\varphi + \frac{\partial W(x,y)}{\partial y}\sin\varphi\right]\end{aligned} \tag{5.40}$$

式中　b_x、b_y——x和y方向的水平移动系数。

(5)延指定方向地表水平变形预计公式

地表点$A(x,y)$延φ方向的水平变形用$\xi(x,y,\varphi)$表示,根据水平变形与地表曲率成正比可得

$$\begin{aligned}\xi(x,y,\varphi) &= \frac{(b_x+b_y)(r_x+r_y)}{4}K(x,y,\varphi) \\ &= \frac{(b_x+b_y)(r_x+r_y)}{4}\left[\frac{\partial^2 W(x,y)}{\partial x^2}\cos^2\varphi + \frac{\partial^2 W(x,y)}{\partial x\partial y}\sin 2\varphi + \frac{\partial^2 W(x,y)}{\partial y^2}\sin^2\varphi\right]\end{aligned} \tag{5.41}$$

式(5.33)和式(5.38)—式(5.41)是岩盐水溶开采沉陷地表变形预测基本公式,这些公式都是依赖于溶腔形状V的三重积分,如果V很复杂,这些公式一般都不可积,只能通过数值解法进行求解。

在新概率积分三维预测模型的推导过程中,考虑了节理、裂隙、断层等在岩层中可能导致的各向异性情况,引入了r_x、r_y、b_x、b_y等参数;并针对任意积分区域,解决了岩盐水溶开采形成复杂溶腔的开采沉陷预测问题。

5.3 新概率积分三维预测模型参数及获取

从上面的推导过程可知,新概率积分三维预测模型需要的参数有:开采空间方程V、x方向的主要影响半径r_x、y方向的主要影响半径r_y、地表下沉系数q、x方向的水平移动系数b_x、y方向的水平移动系数b_y等。其中开采空间方程V由溶腔直接给定,可直接测量获得。主要影响半

径、地表下沉系数、水平移动系数的获取比较困难，目前主要通过现场测量数据来获取。

实验和现场数据显示主要影响半径、地表下沉系数和水平移动系数与岩石强度有很大的关系[46-47]。

5.3.1　主要影响半径及力学获取途径

新概率积分三维预测模型，考虑了岩层的各向异性。因此，引入了两个主要影响半径参数：x 方向的主要影响半径 r_x 和 y 方向的主要影响半径 r_y。主要影响半径是在溶腔边界处，当开采达到充分采动时，地表移动和变形的最大范围（见图 5.9）。

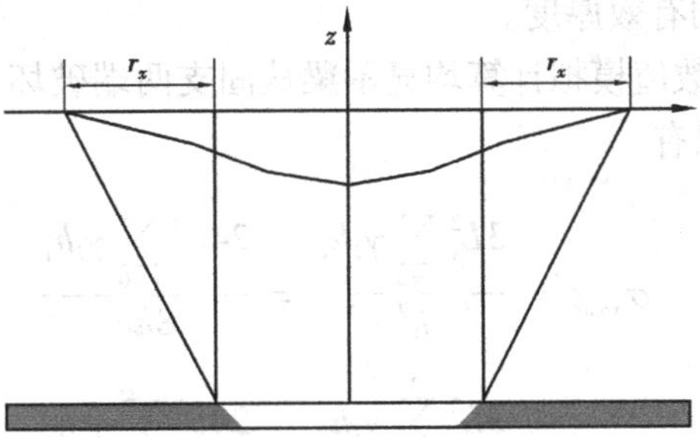

图 5.9　x 方向的主要影响半径示意图

在三维模型的推导过程中，r_x、r_y 分别表示为

$$r_{xz} = \sqrt{4A\pi z} \tag{5.42}$$

$$r_{yz} = \sqrt{4B\pi z} \tag{5.43}$$

A、B 分别为

$$A = \lim_{a\to 0,c\to 0} \frac{a^2}{8c} \tag{5.44}$$

$$B = \lim_{b\to 0,c\to 0} \frac{b^2}{8c} \tag{5.45}$$

在随机介质概率积分模型中，将岩石破碎体看成是互不相关的离散单元。a、b、c 表示离散单元的尺寸参数。它们分别表示离散单元 x 方向、y 方向和 z 方向的尺寸。

实验研究结果证明[47]，岩层破坏单元的尺寸能够通过岩层的力学参数来进行计算。

设岩层 x 方向的抗拉强度为 σ_x，y 方向的抗拉强度为 σ_y。

可以用顶板简化为两边固支的梁的理论来计算岩层 x、y 两个方向的极限破坏强度，由材料力学可知悬臂梁中的应力为

$$\sigma = \frac{M \cdot y}{J_z} \tag{5.46}$$

$$J_z = \frac{bh^3}{12} \tag{5.47}$$

式中　J_z——梁的惯性矩；

y——距离梁中性面的距离；

b——梁的宽度（这里取为单位厚度）；

h——梁的高度。

所以梁中的最大应力为

$$\sigma_{\max} = \frac{M_{\max}}{2J_z}h = \frac{3qL^2}{h^2} = \frac{3L^2\sum_{i}^{n}\gamma_i h_i}{h^2} \tag{5.48}$$

式中 q——梁的均布荷载；

L——梁的长度；

n——岩层数量；

γ_i——第 i 层岩层的容重；

h_i——第 i 层岩层的有效厚度。

相似材料模拟实验和数值模拟计算均显示梁从固支两端破坏，破坏后的尺寸即为随机介质模型中的介质大小，所以有

$$\sigma_{x\max} = \frac{3L_x^2\sum_{i=0}^{n}\gamma_i h_i}{h^2} = \frac{24a^2\sum_{i=0}^{n}\gamma_i h_i}{8hc} \tag{5.49}$$

$$\sigma_{y\max} = \frac{3L_y^2\sum_{i=0}^{n}\gamma_i h_i}{h^2} = \frac{24b^2\sum_{i=0}^{n}\gamma_i h_i}{8hc} \tag{5.50}$$

考虑式(5.44)和式(5.45)，有

$$\sigma_{x\max} = \frac{24A\sum_{i=0}^{n}\gamma_i h_i}{h}, \sigma_{y\max} = \frac{24B\sum_{i=0}^{n}\gamma_i h_i}{h}$$

由式(5.42)和式(5.43)，可得

$$r_{xz} = \sqrt{4A\pi z} = \sqrt{4A\frac{\sigma_{x\max}h}{24A\sum_{i=0}^{n}\gamma_i h_i}\pi z} = \sqrt{\frac{h_1\pi z\sigma_{x\max}}{6\sum_{i=1}^{n}\gamma_i h_i}} \tag{5.51}$$

$$r_{yz} = \sqrt{4B\pi z} = \sqrt{4B\frac{\sigma_{y\max}h}{24B\sum_{i=0}^{n}\gamma_i h_i}\pi z} = \sqrt{\frac{h_1\pi z\sigma_{y\max}}{6\sum_{i=1}^{n}\gamma_i h_i}} \tag{5.52}$$

至此，得到了用岩层力学参数表示的 r_x、r_y，在考虑岩层力学参数时，可以充分考虑该方向上节理、裂隙、断层等不连续面对岩层强度造成的影响。从式(5.51)和式(5.52)可以看到，靠近采空区的岩层 $\sum_{i=0}^{n}\gamma_i h_i$ 很大，因此破坏尺寸较小；随着远离采空区，$\sum_{i=0}^{n}\gamma_i h_i$ 变小，破坏尺寸逐渐变大，这和开采的实际情况相符。

5.3.2 下沉系数、水平移动系数的确定

地表下沉系数是三维预测模型中的关键性参数，其取值的准确性决定了地表移动和变形的精度。目前，大量的实测资料已证实下沉系数与覆岩岩性有关，总体趋势是，岩体越坚硬，其值越小。然而，下沉系数与覆岩岩性之间的定量关系，以及是否与采深和其他因素有关等，还处于探索阶段。焦作矿院邹友峰采用相似第二定律推导出了地表下系数、水平移动系数的

表达式，并通过全国大量观测数据，获得了由岩层强度计算的下沉系数和水平移动系数的经验公式[46]。通过推导得出下沉系数和水平移动系数是$\frac{E}{E_m}$、$\frac{\rho H^2}{E_m m}$的函数。其中，E为岩体综合变形模量，单位MPa；E_m为中硬岩体变形模量，单位MPa；ρ为岩体平均质量密度，单位g/cm³；H、m为采深，采厚，单位m。

通过对106个观测站的监测数据进行分析，取$E_m = 3\ 600$ MPa，$\rho = 2.64$ g/cm³，可得到下沉系数的经验计算式为

$$q = 0.991 - 0.238\frac{E}{E_m} - 0.224\frac{\rho H^2}{100E_m m} \tag{5.53}$$

$$b = 0.350 - 0.07\frac{E}{E_m} - 0.006\frac{\rho H^2}{100E_m m} \tag{5.54}$$

其中，岩体综合变形模量可计算为

$$E = \frac{\sum_{1}^{n} h_i E_i}{\sum_{1}^{n} h_i} \tag{5.55}$$

式中　n——上覆岩层数。

当然，下沉系数和水平移动系数也可通过现场观测数据获得。

5.4　分层传递新概率积分三维预测模型

在随机介质概率积分模型及推导过程中有这样的假设：随机介质颗粒尺寸一致；整个上覆岩层的下沉系数由一个地表下沉系数来表示。然而，如果将上覆岩层看成一个整体，实际情况与此有较大的差别。很显然，上覆岩层破坏后的颗粒大小并不一致，而与岩层的性质有很大的关系，具有较强的分层特性。

因此，将会出现这样的情况，当移出一个颗粒时，由于颗粒尺寸不一，其上面的颗粒不能马上补充移出的颗粒所产生的空穴，从而控制了其上覆岩层的沉降。只有当开采空间相对于岩土体破碎和断裂后尺寸足够大时，才能充分符合像沙箱模型那样的沉陷过程。上述分析说明，在采空区范围足够大的情况下（充分采动时），上覆岩层的下沉是充分的，概率积分法预计精度是很高的。而在采空区范围较小的情况下，由于某些硬或较硬岩层的作用，阻止了空穴的传递，从而导致概率积分法预计值总是大于实测值的缺陷。

总之，没有考虑岩土体的层状结构、没有考虑不同岩土体的破碎和断裂尺寸是导致概率积分法下沉预计缺陷的根源。因此，有必要考虑不同岩土体的离散尺寸大小，来对概率积分模型进行适当的改进。

可以这样来看开采沉陷，将上覆岩层按岩性分成若干层，对于第1层岩层的移动变形，可以这样考虑：将第2层至地表的岩层移走，用相应的荷载加在第1层岩层上，对于第1层岩层来说其变形和原模型是一致的。这样，在第1层岩层的上表面将产生下沉空间，其形状由第1

层岩层的预测参数决定;然后再将第2层岩层还原,在第2层岩层上加上等效的荷载,那么由于第1层岩层的下沉空间,将导致第2层岩层产生相应的下沉空间2。依此类推,直到地表(见图5.10)。这样,可以得到开采沉陷分层传递预测模型为

$$W_n(x,y) = q_n \iiint_{V_n} \frac{h_n}{2(h_n - s_z)} \left(\frac{1}{r_{xn}^2} + \frac{1}{r_{yn}^2}\right) \exp\left\{-\pi \frac{h_n}{(h_n - s_z)} \left[\frac{(x-s_x)^2}{r_{xn}^2} + \frac{(y-s_y)^2}{r_{yn}^2}\right]\right\} \mathrm{d}s_x \mathrm{d}s_y \mathrm{d}s_z \tag{5.56}$$

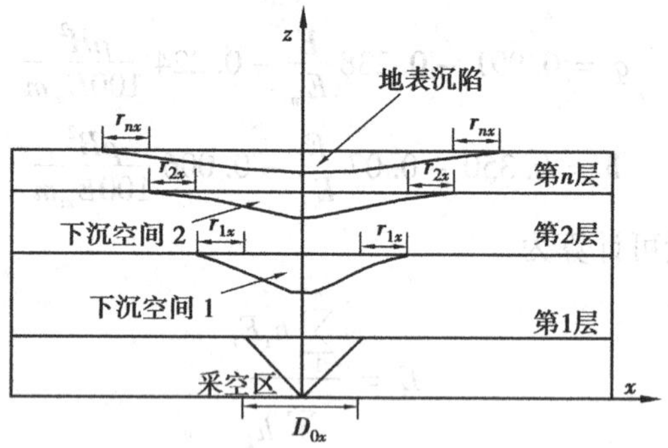

图5.10 分层传递模型

$n=1$ 时,V 取溶腔的参数,r、q 取第1层岩层的参数。

$n>1$ 时,V 取第 $n-1$ 层岩层下沉空间 $W_{n-1}(x,y)$ 的参数,r_x、r_y、q 取第 n 层岩层的参数。

式(5.56)即为分层传递新概率积分三维计算模型。

用式(5.56)对每层岩层分别进行计算,即可得到地表的下沉预测值。然后再用式(5.38)至(5.41)基于倒数第2层岩层产生的下沉空间,计算地表水平、倾斜等变形值。

在分层传递模型中需要每层岩层的 r_x、r_y 和 q。r_x、r_y 可以采用5.3.1节的计算方法进行计算;对于 q 可以采用5.3.2节的经验公式进行计算。

5.5 分层传递新概率积分三维预测模型的数值解法

如果 V 形状复杂,那么预测模型中的多重积分一般都不可积。因此,必须采用数值解法。

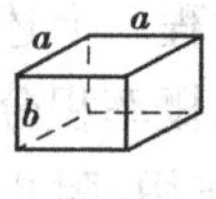

图5.11 积分区域离散

对于积分空间 V,可以将其离散为若干小的长方体(见图5.11),积分空间可用若干相同的长方体来模拟。设长方体长、宽均为 a,高为 b。如果 a、b 足够小,那么一定数量的长方体将趋近于真实的积分域(溶腔),这时可用长方体的型心质点坐标来替代长方体。

5.5.1 地表下沉数值解算公式

地表下沉公式可离散化为

$$W'(x,y) = \left(\frac{1}{r_x^2} + \frac{1}{r_y^2}\right) q a^2 b \sum_i \sum_j \sum_k \frac{h}{2\left[h + \left(k + \frac{1}{2}\right)b\right]} \cdot$$

$$\exp\left\{-\pi\frac{h}{\left(h+\left(k+\frac{1}{2}\right)b\right)}\cdot\left[\frac{\left(x-\left(i+\frac{1}{2}\right)a\right)^2}{r_x^2}+\frac{\left(y-\left(j+\frac{1}{2}\right)a\right)^2}{r_y^2}\right]\right\} \tag{5.57}$$

式中　i、j、k——整数，满足于点$\left(\left(i+\frac{1}{2}\right)a,\left(j+\frac{1}{2}\right)a,\left(k+\frac{1}{2}\right)k\right)$在积分空间 V 内。

$$令 f_{i,j,k}(x,y) = \exp\left\{-\pi\frac{h}{\left(h+\left(k+\frac{1}{2}\right)b\right)}\cdot\left[\frac{\left(x-\left(i+\frac{1}{2}\right)a\right)^2}{r_x^2}+\frac{\left(y-\left(j+\frac{1}{2}\right)a\right)^2}{r_y^2}\right]\right\} \tag{5.58}$$

$$W'(x,y) = \left(\frac{1}{r_x^2}+\frac{1}{r_y^2}\right)qa^2b\sum_i\sum_j\sum_k\frac{h}{2\left[h+\left(k+\frac{1}{2}\right)b\right]}\cdot f_{i,j,k}(x,y) \tag{5.59}$$

5.5.2　延指定方向的地表倾斜数值解算公式

延指定方向 φ 的地表倾斜公式可离散化为

$$\begin{aligned}
i'(x,y,\varphi) &= \frac{\partial W'(x,y)}{\partial x}\cos\varphi+\frac{\partial W'(x,y)}{\partial y}\sin\varphi\\
&= \left(\frac{1}{r_x^2}+\frac{1}{r_y^2}\right)qa^2b\left\{\cos\varphi\sum_i\sum_j\sum_k\left[\frac{h}{2\left[h+\left(k+\frac{1}{2}\right)b\right]}\cdot\frac{-\pi h}{\left[h+\left(k+\frac{1}{2}\right)b\right]}\cdot\right.\right.\\
&\quad\left.\frac{2\left[x-\left(i+\frac{1}{2}a\right)\right]}{r_x^2}\cdot f_{i,j,k}(x,y)\right]+\\
&\quad\sin\varphi\sum_i\sum_j\sum_k\left[\frac{h}{2\left[h+\left(k+\frac{1}{2}\right)b\right]}\cdot\frac{-\pi h}{\left[h+\left(k+\frac{1}{2}\right)b\right]}\cdot\right.\\
&\quad\left.\left.\frac{2\left[y-\left(j+\frac{1}{2}a\right)\right]}{r_y^2}\cdot f_{i,j,k}(x,y)\right]\right\}\\
&= -\pi\left(\frac{1}{r_x^2}+\frac{1}{r_y^2}\right)qa^2b\left\{\cos\varphi\sum_i\sum_j\sum_k\left[\left(\frac{h}{h+\left(k+\frac{1}{2}\right)b}\right)^2\cdot\frac{\left[x-\left(i+\frac{1}{2}\right)a\right]}{r_x^2}\cdot f_{i,j,k}(x,y)\right]+\right.\\
&\quad\left.\sin\varphi\sum_i\sum_j\sum_k\left[\left(\frac{h}{h+\left(k+\frac{1}{2}\right)b}\right)^2\cdot\frac{\left[y-\left(j+\frac{1}{2}\right)a\right]}{r_y^2}\cdot f_{i,j,k}(x,y)\right]\right\}
\end{aligned} \tag{5.60}$$

5.5.3 延指定方向的地表曲率数值解算公式

延指定方向 φ 的地表曲率公式可离散化为

$$K'(x,y,\varphi) = \frac{\partial i'(x,y,\varphi)}{\partial x}\cos\varphi + \frac{\partial i'(x,y,\varphi)}{\partial y}\sin\varphi$$

$$= -\pi\left(\frac{1}{r_x^2}+\frac{1}{r_y^2}\right)qa^2b\left\{\cos^2\varphi\sum_i\sum_j\sum_k\left[\left(\frac{h}{h+\left(k+\frac{1}{2}\right)b}\right)^2\cdot\frac{1}{r_x^2}\cdot f_{i,j,k}(x,y)+\right.\right.$$

$$\left.\frac{h^2\left[x-\left(i+\frac{1}{2}a\right)\right]}{r_x^2\left[h+\left(k+\frac{1}{2}b\right)\right]^2}\cdot\frac{-\pi h}{h+\left(k+\frac{1}{2}b\right)}\cdot\frac{2\left[x-\left(i+\frac{1}{2}a\right)\right]}{r_x^2}f_{i,j,k}(x,y)\right]+$$

$$\sin\varphi\cos\varphi\sum_i\sum_j\sum_k\left[\frac{h^2\left[y-\left(j+\frac{1}{2}\right)a\right]}{\left[h+\left(k+\frac{1}{2}b\right)\right]^2r_y^2}\cdot\frac{-\pi h}{h+\left(k+\frac{1}{2}b\right)}\cdot\frac{2\left[x-\left(i+\frac{1}{2}a\right)\right]}{r_x^2}\cdot f_{i,j,k}(x,y)\right]+$$

$$\sin\varphi\cos\varphi\sum_i\sum_j\sum_k\left[\frac{h^2\left[x-\left(i+\frac{1}{2}\right)a\right]}{\left[h+\left(k+\frac{1}{2}b\right)\right]^2r_x^2}\cdot\frac{-\pi h}{h+\left(k+\frac{1}{2}b\right)}\cdot\frac{2\left[y-\left(j+\frac{1}{2}a\right)\right]}{r_y^2}\cdot f_{i,j,k}(x,y)\right]+$$

$$\sin^2\varphi\sum_i\sum_j\sum_k\left[\left(\frac{h}{h+\left(k+\frac{1}{2}\right)b}\right)^2\cdot\frac{1}{r_y^2}\cdot f_{i,j,k}(x,y)+\right.$$

$$\left.\left.\frac{h^2\left[y-\left(j+\frac{1}{2}a\right)\right]}{r_y^2\left[h+\left(k+\frac{1}{2}b\right)\right]^2}\cdot\frac{-\pi h}{h+\left(k+\frac{1}{2}b\right)}\cdot\frac{2\left[y-\left(j+\frac{1}{2}a\right)\right]}{r_y^2}f_{i,j,k}(x,y)\right]\right\}=$$

$$-\pi\left(\frac{1}{r_x^2}+\frac{1}{r_y^2}\right)qa^2b\left\{\cos^2\varphi\sum_i\sum_j\sum_k\left[\frac{h^2}{r_x^2\left[h+\left(k+\frac{1}{2}b\right)\right]^2}\cdot\right.\right.$$

$$\left.\left(1-2\pi\frac{h\left[x-\left(i+\frac{1}{2}a\right)\right]^2}{\left[h+\left(k+\frac{1}{2}b\right)\right]r_x^2}\right)\cdot f_{i,j,k}(x,y)\right]-$$

$$\pi\sin 2\varphi\sum_i\sum_j\sum_k\frac{2h^3\left[x-\left(i+\frac{1}{2}a\right)\right]\left[y-\left(j+\frac{1}{2}a\right)\right]}{\left[h+\left(k+\frac{1}{2}b\right)\right]^3r_x^2r_y^2}\cdot f_{i,j,k}(x,y)+$$

$$\left.\sin^2\varphi\sum_i\sum_j\sum_k\left[\frac{h^2}{r_y^2\left[h+\left(k+\frac{1}{2}b\right)\right]^2}\cdot\left(1-2\pi\frac{h\left[y-\left(j+\frac{1}{2}a\right)\right]^2}{\left[h+\left(k+\frac{1}{2}b\right)\right]r_y^2}\right)\cdot f_{i,j,k}(x,y)\right]\right\} \tag{5.61}$$

5.5.4　延指定方向的地表水平移动数值解算公式

延指定方向 φ 的地表水平移动公式可离散化为

$$U'(x,y,\varphi) = \frac{(b_x + b_y)(r_x + r_y)}{4} i'(x,y,\varphi) \tag{5.62}$$

5.5.5　延指定方向的地表水平变形数值解算公式

延指定方向 φ 的地表水平变形公式可离散化为

$$\xi'(x,y,\varphi) = \frac{(b_x + b_y)(r_x + r_y)}{4} K'(x,y,\varphi) \tag{5.63}$$

5.5.6　分层传递模型的数值解法

同样对于分层传递模型的数值化公式为

$$W'_n(x,y) = \left(\frac{1}{r_{xn}^2} + \frac{1}{r_{yn}^2}\right) q_n a_n^2 b_n \sum_i \sum_j \sum_k \frac{h_n}{2\left[h_n + \left(k + \frac{1}{2}\right) b_n\right]} \cdot f_{(i,j,k)n}(x,y) \tag{5.64}$$

用式(5.64)对每层岩层分别进行计算，即可得到地表的下沉预测值。然后再用式(5.60)至式(5.63)基于倒数第 2 层下沉空间，计算地表水平、倾斜等变形值。

5.6　多溶腔开采沉陷预测模型

事实上，岩盐水溶开采单溶腔所造成的地表变形是比较小的。但是多个溶腔进行大面积开采时，将会导致严重的沉陷问题。因此，必须对多溶腔情况下的开采沉陷进行预测。

数值模拟证明了在这种情况下可以采用叠加的方法来进行处理，公式为

$$W_n(x,y) = \sum_i^n W'(x - l_{ix}, y - l_{iy}) \tag{5.65}$$

式中　l_{ix}、l_{iy}——第 i 个溶腔中点坐标距原点的距离。

同理可得其他几个公式为

$$i_n(x,y,\varphi) = \sum_i^n i'(x - l_{ix}, y - l_{iy}, \varphi) \tag{5.66}$$

$$K_n(x,y,\varphi) = \sum_i^n K'(x - l_{ix}, y - l_{iy}, \varphi) \tag{5.67}$$

$$U_n(x,y,\varphi) = \sum_i^n U'(x - l_{ix}, y - l_{iy}, \varphi) \tag{5.68}$$

$$\xi_n(x,y,\varphi) = \sum_i^n \xi'(x - l_{ix}, y - l_{iy}, \varphi) \tag{5.69}$$

式(5.65)—式(5.69)即为多溶腔开采沉陷预测公式。

5.7 开采沉陷动态预测模型

研究资料表明[1,116-118]，地下开采引起的地表移动变形是一个复杂的四维空间问题。在煤田开采条件下，地表移动过程可从6个月延续到数年，而在盐矿床开采条件下，移动持续时间甚至达到100或100年以上[116]。地表各点处的移动变形值在开采期间变化明显，移动终止时发生压缩变形的区域，在移动期间可能遭受拉伸，反之亦然。因此在进行开采设计和选择地面建筑物保护措施时，不仅要考虑移动过程稳定后的终止状态，还必须考虑地表移动变形随时间的发展过程。

5.7.1 模型原理

假设地表下沉速率$\frac{dW(t)}{dt}$与地表某点最终下沉值 W_0 和某一时刻 t 的动态下沉值 $W(t)$ 之差成正比[113]为

$$\frac{dW(t)}{dt} = c[W_0 - W(t)] \tag{5.70}$$

式中　c——时间影响因素，与上覆岩层的力学性质有关，单位为：/时间。

初始时刻：$t=0$，$W(t)=0$，对式(5.70)积分，可得

$$W(t) = W_0(1 - e^{-ct}) \tag{5.71}$$

式(5.71)即为地表动态移动过程中的时间函数，令

$$\varphi(t) = 1 - e^{-ct} \tag{5.72}$$

式(5.72)称为时间影响函数，则

$$W(t) = W_0\varphi(t) \tag{5.73}$$

式中，W_0 如果用开采沉陷分层传递新概率积分三维预测模型进行计算，那么式(5.73)即为开采沉陷分层传递新概率积分三维动态预测模型。

5.7.2 时间影响因素的确定

以往下沉速度系数由地表移动动态的观测资料来确定，可用以下几种方法[120]：

①图解法将实测结果制成下沉时间曲线。该法虽较简单，但受制图精度的限制很不准确。

②对比法将实测结果制成下沉时间过程的无因次曲线，选取适当的系数 c，使实测曲线和理论曲线一致，该法求取工作量较大。

③计算法用下沉增量进行计算。

以上3种方法都依赖于实测的动态观测站资料，由于尚未揭示该值的变化规律，对于大多数矿区获取该值都比较困难。

通过对大量观测资料的分析，得到下沉速度系数同以下几个因素有关[119]：

①下沉速度系数与开采速度成正比。如果开采速度是一个变量，则 c 也应是一个变量。

②下沉速度系数与采深成反比，在其他条件相同的情况下，采深越大，c 值越小，反之，也成立。

③下沉速度系数与上覆岩层的性质有关。如果覆岩较硬时，c 值较小，覆岩较软时，c 值较大。在概率积分法参数中，$\tan\beta$ 也是主要决定于岩层的力学性质的一个参数，如果覆岩较硬时，$\tan\beta$ 值较小，而覆岩较软时，$\tan\beta$ 值较大。因此，c 值应与 $\tan\beta$ 值成正比。

根据以上分析，可以假定[119]：

$$c = av\tan\beta/H \tag{5.74}$$

式中　v——工作面推进速度，(m/d 或 m/a)；

$\tan\beta$——主要影响角正切；

H——矿层开采深度；

a——待求常数。

$\tan\beta=\dfrac{r}{H}$，在三维模型中，因考虑了岩层在 x 和 y 方向的不同，有两个地表影响半径。因此，也有两个主要影响角正切 $\tan\beta_x$，$\tan\beta_y$。这里，用两个值的均值来表示 $\tan\beta$；同样工作面推进速度也用 x 和 y 两个方向推进速度的均值来代替 v，即

$$\tan\beta = \frac{\tan\beta_x + \tan\beta_y}{2} = \frac{r_x + r_y}{2H} \tag{5.75}$$

$$v = \frac{v_x + v_y}{2} \tag{5.76}$$

用国内外大量实测数据统计分析后得出，$a=2.0$。那么

$$c = 2v\tan\beta/H = \frac{(v_x + v_y)(r_x + r_y)}{2H^2} \tag{5.77}$$

第 6 章 岩盐溶腔稳定性

6.1 溶腔稳定性的主要影响因素

6.1.1 地应力的大小及方向对溶腔稳定性的影响

位于一定地应力环境中的岩体,相对地处于平衡状态。由于水溶开采形成岩盐溶腔,破坏了岩体原始受力状态而失去平衡,引起岩体产生变形。同时,地应力还严密控制着岩体的本构特征,其相关性表现为:

①影响岩体的承载能力　大量岩体的三轴试验结果表明,其抗压强度随围压增大而增高。对赋存于一定地应力环境中的岩体来说,地应力对岩体形成的围压越大,其承载能力越大。

②影响岩体变形破坏机制　岩体力学试验结果表明,许多在低围压下呈脆性破坏的岩体,在高围压下呈剪塑性变形。这种变形破坏机制的变化,揭示着岩体赋存的地应力条件不同,岩体的本构法则不同。

③影响岩体中应力传播法则　虽然岩体具有不连续性,为非连续介质。但是,由于岩块间存在的摩擦作用,赋存于高应力区的岩体,在地应力形成的高围压作用下,则变为具有连续介质特征的岩体,即地应力可以使不连续变形的岩体转化为连续变形的岩体,从而使岩体中应力传播具连续介质的特征。

地应力状态影响工程岩体的稳定性,主要是岩体的天然应力状态,包括自重应力和构造应力,以及地下工程形状对围岩应力重新分布的影响。

地应力是引起围岩变形、破坏的根本作用力,原岩体中主应力的大小和方向不同,对溶腔的作用力也不同,因而直接影响着围岩压力。

通常,地应力随深度的增加而增加,所以溶腔埋深越大,围岩压力一般也就越大。

地应力方向对围岩压力也有显著影响。对连通井组而言,存在溶腔的长轴与短轴方向。当溶腔长轴方向与最大主应力的方向垂直时,围岩压力就大,平行时围岩压力就小。这是因为溶腔长轴方向不同,原岩应力对其作用不同。前者溶腔横截面受到的作用力大,而后者受到的作用力小。因此,溶腔长轴的最优方向,应与最大主应力方向一致。

6.1.2　岩体的物理力学性质对溶腔稳定性的影响

(1)岩体特性的影响

岩性是影响地下工程岩体稳定的最基本因素,是物质基础。由于矿物组成、岩石结构构造的不同,不同岩石的物理力学性质差别很大。以岩石特性可将围岩分为塑性围岩和脆性围岩两大类。塑性围岩,主要包括各类粘土质岩石、岩盐、破碎松散岩石以及某些易于吸水膨胀岩石,通常具有风化速度快、力学强度低以及遇水易于软化、崩解等不良性质,而对地下工程岩体稳定性最不利。脆性围岩主要包括各类坚硬及半坚硬岩体;由于岩石本身的强度远高于结构面的强度,故这类围岩的强度主要取决于岩体结构,岩性本身的影响不十分显著。

(2)岩体结构的影响

岩体结构对围岩变形破坏起着决定性作用,碎裂结构岩体的稳定性最差,薄层状结构岩体次之,而厚层状及块体状岩体则具有很高的稳定性。对于脆性的厚层状及块体状结构的岩体,其强度主要受较弱结构面的发育和分布特点所控制。结构面对这类围岩的稳定性影响,不仅决定于结构面本身的特征,还与结构面的组合关系,以及结构面和临空面的切割关系有密切联系。一般情况下,只有当结构面的组合使围岩内可能出现有利于塌落或滑动的分离体,且尺寸小于硐垮时,这类围岩才有局部失稳的可能。

当结构面强度远小于结构体强度时,结构面对围岩压力的影响就显得十分重要。通常岩体破坏首先从弱面开始,这是围岩压力在节理、破碎带、断层和褶皱区表现显著的重要原因。由于层状岩体具有定向弱面,所以层状岩体的走向和倾角也与围岩压力密切相关。

6.1.3　地下水对溶腔稳定性的影响

地下水在围岩稳定中主要有两方面不良的作用:一方面是对围岩特性的影响;另一方面为渗压的作用。

岩体空隙中水的存在形式有两种:吸着水(束缚水);重力水(自由水)。

吸着水因静电引力而吸附在矿物颗粒表面,在相对湿度较大时,水在矿物颗粒表面形成水膜,故又称薄膜水。薄膜水对岩体的力学性能影响表现为水的联结作用(水胶作用)、水的润滑作用和水楔作用3个方面。岩体的软化、膨胀、崩解无不与之有关。矿物按其与水作用的特征,可分为亲水性矿物和憎水性矿物。岩块中亲水性矿物(和可溶性矿物)愈多,在水的作用下其力学性能愈不稳定。这种岩块在含水量低时,一般强度较高,压缩性小,呈脆性破坏,具弹性介质特征;如含水量高时,则强度减小,呈塑性破坏特征。

研究表明,吸着水的软化作用,不仅存在于低围压条件下,而且存在于较高的围压条件下。岩体中水对岩石的软化作用不仅表现在抗压、抗拉强度上,亦表现在变形特征上。

自由水不受矿物表面吸着力控制,它的运动主要靠重力作用,其运动速度 μ 取决于岩体的渗透系数 K 及水力梯度 I,即

$$\mu = KI = K\frac{\gamma H}{\delta L}$$

式中　H——在渗透途径长 L 内的水位差。

自由水所形成的压力 σ_W 主要决定于水的密度 ρ_w 及水头 H,即

$$\sigma_W = \rho_w \cdot H$$

自由水对岩体除具吸着水同样的力学作用即使岩石软化、膨胀、崩解外,还由于孔隙压力作用,抵消外界作用的正压力,而使岩块抗剪强度降低。如岩体中软弱结构面上受到静水压力作用,将会降低其抗滑能力,从而导致岩体失稳;或由于工程岩体开挖,地下水从溶腔排出,或涌入溶腔均能形成动水压力,对岩盐溶腔围岩的稳定性影响极大。

岩石中渗透水在其流动过程中有时可将岩块中可溶物质溶解带走,有时由于其黏度和动力作用也可将岩块内小颗粒矿物带走,从而使岩块强度降低,变形加大。前者称为溶解作用,后者称为潜蚀作用,随着时间的增长,其影响更加明显。

综上所述,地下水是影响岩体力学性质和力学作用的主要因素之一,在岩体力学作用中是一种动力作用因素。工程岩体中地下水的赋存、活动状况,既影响围岩的应力状态,又影响围岩的强度。结构面中的空隙水压力的增大能减少结构面上的有效正应力,因而降低岩体沿结构面的抗滑强度;地下水对软弱夹层软化、泥化,对一些特殊岩层产生膨胀、崩解和溶解等,则降低岩体的强度而影响围岩的稳定性。因此,在研究溶腔稳定性控制时,必须充分重视水的力学效应,特别应控制溶腔顶板岩层裂隙带水的渗透作用。

6.1.4　地质构造对溶腔稳定性的影响

岩体稳定与否的根本原因应该从岩体内部去寻找。因此,对工程所在岩体进行地质调查,掌握该地的地质情况,在此基础上进行岩体稳定分析,是地学工作所必须遵循的工作方法。

影响溶腔围岩稳定性的因素除地应力、岩体物理力学性质、地下水之外,地质构造也是一个重要的因素。

(1)地层产状对溶腔围岩稳定性的影响

岩层倾角对围岩稳定性具有很大的影响,一般来说,水平岩层对稳定性最有利,倾斜岩层次之,竖直地层最差。

(2)褶皱对围岩稳定性的影响

沿背斜轴部,在中和线以上张裂隙发育,中和线以下地层本身形成一个拱,有利于围岩稳定。中和线不易直接判定,因此一般可选在两翼,因两翼岩层完整性要好些。向斜轴部较破碎,加之两边层面往轴部倾斜,易成为汇水和地下水主流之处,故溶腔应避开向斜轴而选在翼部。从向斜轴部岩层没有拱的作用以及汇水的这两点来看,向斜比背斜条件要差些。

(3)断层和破碎带对岩体稳定的影响

断层是一种特殊的结构面,当断层宽度很小又不夹泥,则它对岩体稳定影响同一般节理差不多。当夹泥,则其影响作用很大。若又是断层破碎带又夹泥,则是最危险的。

断层破碎带、岩脉破碎带、褶皱轴部有时也形成破碎带,它们本身就是许多分离体,溶腔应尽量避免设在这些地方,避不开则应尽可能垂直它,以使不稳定的范围减低到最小的限度。

6.1.5　开采层厚度对溶腔稳定性的影响

在一定的地质条件下,开采层厚度(岩盐层厚度)是影响岩盐溶腔上覆岩层破坏状况的最

重要因素之一。一般地，开采层厚度超大，必然导致岩盐溶腔上覆岩层破坏越严重。矿山开采的理论和实践均表明，在其他条件一定的情况下，溶腔顶板下沉量及上覆岩层的移动和变形均与开采厚度成正比，开采厚度越大，冒落带、导水裂隙带高度越大，上覆岩层移动变形值也越大，岩层移动过程表现得越剧烈，溶腔围岩矿压显现也越严重；反之，开采厚度越低，同样位置的老顶取得平衡的机会越大，顶板活动越缓和，越利于溶腔的稳定。

6.2 岩盐溶腔稳定性突变模型

在自然界，特别是地学，不连续变化的现象非常多，如地震、火山喷发、地磁场倒转、煤瓦斯突出、岩爆等。地质现象的不连续性和地质事件的突然性是至今阻碍着地球科学定量化的重要原因之一。近年来，国内外许多学者试图利用突变理论来解释和解决地球科学中的不连续现象和问题[109]。

作者采用突变理论研究岩盐单井溶腔顶板、连通井顶板稳定性及井组间矿柱失稳的临界条件及突变时的突跳和能量释放，以深入了解顶板岩体运动过程和矿柱失稳的发展过程，为溶腔稳定性控制提供理论基础。

6.2.1 单溶腔顶板大变形失稳突变模型

岩盐溶腔由于常处于较大埋深(600~2 000 m)、顶板岩层自身强度低、变形模量小、有高的地应力作用，故表现出非线性和大变形特征。又因溶腔多呈倒锥形，所以本研究把溶腔顶板简化为周边固支的圆板，半径为 r_0，厚度为 t，且在上面作用有顶板岩层自重及上覆岩层的作用力 q，p 为溶腔内液体的压力，如图6.1所示。

本模型的边界条件为

$$\left.\begin{aligned}&(u_r)_{r=r_0}=0,(\omega)_{r=r_0}=0,\left(\frac{\mathrm{d}\omega}{\mathrm{d}r}\right)_{r=r_0}=0\\&(u_r)_{r=0}=0,\left(\frac{\mathrm{d}\omega}{\mathrm{d}r}\right)_{r=0}=0\end{aligned}\right\}\tag{6.1}$$

式中 u_r——径向位移；

ω——挠度。

由文献[110]得板的挠曲面方程为

$$\omega=\frac{q-p}{64D}(r_0^2-r^2)\tag{6.2}$$

式中 D——板的抗挠刚度。

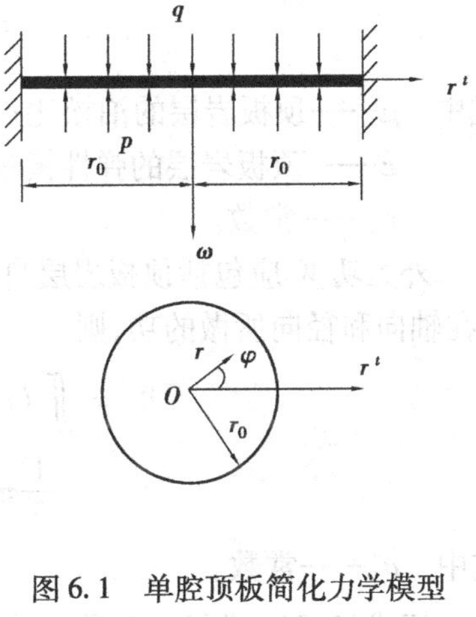

图6.1 单腔顶板简化力学模型

设 $\omega_m=\dfrac{q-p}{64D}$，则 ω_m 为板中心的最大挠度，所以

$$\omega=\omega_m(r_0^2-r^2)\tag{6.3}$$

根据边界条件式(6.1),可将径向位移 u_r 用级数形式表示为[111]

$$u_r = \left(1 - \frac{r}{r_0}\right)\frac{r}{r_0}\left(A_0 + A_1\frac{r}{r_0} + A_2\frac{r^2}{r_0^2} + \cdots\right) \tag{6.4}$$

可近似为

$$u_r = \left(1 - \frac{r}{r_0}\right)\frac{r}{r_0}\left(A_0 + A_1\frac{r}{r_0}\right) \tag{6.5}$$

由弹性力学的变分法[112]可得

$$A_0 = a_1\frac{\omega_m^2}{r_0}, \qquad A_1 = -a_2\frac{\omega_m^2}{r_0} \tag{6.6}$$

式中 a_1, a_2——常数。

把式(6.6)代入式(6.5)得

$$u_r = \left(1 - \frac{r}{r_0}\right)\frac{r}{r_0}\left(a_1\frac{\omega_m^2}{r_0} - a_2\frac{\omega_m^2}{r_0}\frac{r}{r_0}\right) \tag{6.7}$$

顶板系统岩层系统的势能 $\prod$ 可表示为

$$\prod = U - W \tag{6.8}$$

式中 U——岩层的变形势能;

W——外力所做的功。

因本模型为大变形板模型,岩层的变形势能应该包括岩层弯曲形变的势能及相应于中面应变的势能,故

$$U = \pi D\int_0^{r_0}\left(r\left(\frac{\mathrm{d}^2\omega}{\mathrm{d}r^2}\right)^2 + \frac{1}{r}\left(\frac{\mathrm{d}\omega}{\mathrm{d}r}\right)^2\right)\mathrm{d}r +$$

$$\frac{\pi Et}{1-\mu^2}\int_0^{r_0}\left[\left(\frac{\mathrm{d}u_r}{\mathrm{d}r} + \frac{1}{2}\left(\frac{\mathrm{d}\omega}{\mathrm{d}r}\right)^2\right)^2 + \frac{u_r^2}{r^2} + 2\mu\frac{u_r}{r}\left(\frac{\mathrm{d}u_r}{r} + \frac{1}{2}\left(\frac{\mathrm{d}\omega}{\mathrm{d}r}\right)^2\right)\right]r\mathrm{d}r = \tag{6.9}$$

$$\frac{32\pi D}{3r_0^2}\omega_m^2 + a_3\frac{\pi Et}{(1-\mu^2)r_0^2}\omega_m^4$$

式中 μ——顶板岩层的泊松比;

E——顶板岩层的弹性模量;

a_3——常数。

外力功 W 应包括顶板岩层自重和上覆岩层的作用力 q 在轴向和径向所做的功和水压力 p 在轴向和径向所做的功,则

$$W = \iint (q-p)\omega r\mathrm{d}\theta\mathrm{d}r + \iint (q-p)u_r r\mathrm{d}\theta\mathrm{d}\omega =$$

$$\frac{1}{3}\pi(q-p)r_0^2\omega_m - a_4\pi(q-p)\omega_m^3 \tag{6.10}$$

式中 a_4——常数。

把式(6.9)、式(6.10)代入式(6.8)得溶腔顶板岩层系统的势函数 $\prod$ 为

$$\prod = U - W = \frac{32\pi D}{3r_0^2}\omega_m^2 + a_3\frac{\pi Et}{(1-\mu^2)r_0^2}\omega_m^4 - \frac{1}{3}\pi(q-p)r_0^2\omega_m + a_4(q-p)\pi\omega_m^3 \tag{6.11}$$

设

$$\left.\begin{aligned} g_0 &= 0 \\ g_1 &= -\frac{1}{3}\pi(q-p)r_0^2 \\ g_2 &= \frac{32\pi D}{3r_0^2} \\ g_3 &= a_4\pi(q-p) \\ g_4 &= a_3\frac{\pi Et}{(1-\mu^2)r_0^2} \end{aligned}\right\} \tag{6.12}$$

则

$$\prod = g_4\omega_m^4 + g_3\omega_m^3 + g_2\omega_m^2 + g_1\omega_m + g_0 \tag{6.13}$$

令

$$x = \omega_m - B \qquad B = \frac{g_3}{4g_4} \tag{6.14}$$

且设

$$\left.\begin{aligned} h_0 &= B^4g_4 - B^3g_3 + B^2g_2 - Bg_1 + g_0 \\ h_1 &= -4B^3g_4 + 3B^2g_3 - 2Bg_2 + g_1 \\ h_2 &= 6B^2g_4 - 3Bg_3 + g_2 \\ h_4 &= g_4 \end{aligned}\right\} \tag{6.15}$$

则

$$\prod = h_4x^4 + h_2x^2 + h_1x + h_0 \tag{6.16}$$

令

$$\overline{\prod} = \frac{\prod}{4h_4}, \quad u = \frac{h_2}{2h_4}, \quad v = \frac{h_1}{4h_4}, \quad c = \frac{h_0}{4h_4} \tag{6.17}$$

则

$$\overline{\prod} = \frac{1}{4}x^4 + \frac{1}{2}ux^2 + vx + c \tag{6.18}$$

本系统的平衡曲面的方程为[75]

$$\overline{\prod}' = x^3 + ux + v = 0 \tag{6.19}$$

分歧点集所满足的方程为

$$4u^3 + 27v^2 = 0 \tag{6.20}$$

所以本系统失稳的必要条件为

$$u \leqslant 0 \tag{6.21}$$

即

$$3B^2 \geqslant \frac{t^2}{9a_3} \tag{6.22}$$

$$3\left(\frac{a_4(q-p)(1-\mu^2)r_0^2}{4a_3Et}\right)^2 \geqslant \frac{t^2}{9a_3} \tag{6.23}$$

即为溶腔顶板岩层失稳的必要条件。所以当顶板岩层厚度越薄、弹性模量越小、顶板跨距越大及$(q-p)$越大越容易引起溶腔顶板岩层失稳。

6.2.2 连通井溶腔顶板失稳临界突变分析

(1)连通井溶腔顶板力学模型

已有研究表明,连通井组溶腔悬露顶板近似为矩形,其长度远大于宽度,可简化为梁。

如图6.2所示,溶腔顶板部分长为L,水平宽度取单位长度,平均厚度为h,$L\gg h$,岩体弹性模量为E,顶板岩层自重及其上履岩层的力简化为均布力q,岩梁两端受自重侧压压力及水平构造应力的综合作用力N,均布力P为溶腔内液体的支撑力。

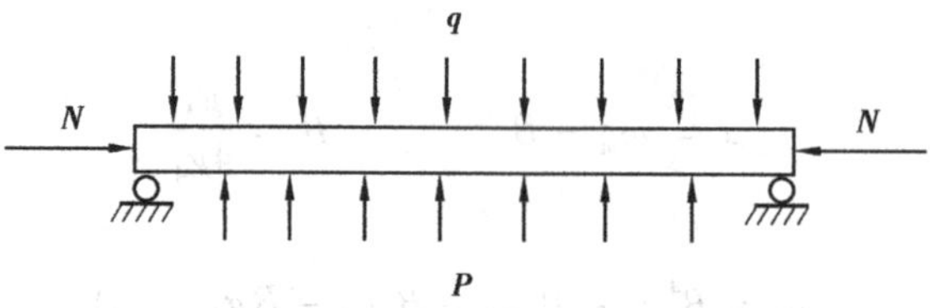

图6.2　连通顶板简化力学模型

梁的轴线挠曲线f可用傅氏级数展开为

$$f(s) = \sum_{n=1}^{\infty} Y_n \sin\frac{n\pi s}{L} = Y_1\sin\frac{\pi s}{L} + Y_2\sin\frac{2\pi s}{L} + Y_3\sin\frac{3\pi s}{L} + \cdots \tag{6.24}$$

在二级近似的条件下,$f(s)$可表示为

$$f(s) = Y\sin\frac{\pi s}{L} \tag{6.25}$$

式中　s——弧长;

$f(s)$——挠度;

Y——轴线中点的挠度。

梁结构的总势能应由弯曲应变能和载荷在相应位移上所做的功组成,因此梁结构的势函数为

$$V = U + W_1 + W_2 + W_3 \tag{6.26}$$

式中　U——梁的应变能;

W_1——水平力N所做的功;

W_2——垂直力q所做的功;

W_3——液体支撑力P所做的功。

假设梁的变形服从平截面假设,即应变分布应服从

$$\varepsilon_x = \frac{H}{R} \tag{6.27}$$

式中　R——中性线的曲率半径;

H——截面上的点距中性线的距离。

因此,有

$$\sigma_x = E\varepsilon_x = E\frac{H}{R} \tag{6.28}$$

截面上的力矩为

$$M = \frac{E}{R}\int_0^h H^2 \mathrm{d}H = \frac{EI}{R} \tag{6.29}$$

令

$$I = \int_0^h H^2 \mathrm{d}H \tag{6.30}$$

即梁的惯性矩。

则

$$\sigma_x = \frac{MH}{I} \tag{6.31}$$

梁的应变能为

$$U = \int_0^L \int_0^h \frac{1}{2E}\left(\frac{M}{I}\right)^2 H^2 \mathrm{d}H\mathrm{d}x \tag{6.32}$$

把式(6.29)代入式(6.32)得

$$U = \frac{EI}{2}\int_0^L K^2(x)\mathrm{d}x \tag{6.33}$$

式中　K——梁的曲率。

$$K = \frac{\mathrm{d}}{\mathrm{d}s}\left(\arcsin\left(\frac{\mathrm{d}f}{\mathrm{d}s}\right)\right) = \frac{\mathrm{d}^2 f}{\mathrm{d}s^2}\left[1-\left(\frac{\mathrm{d}f}{\mathrm{d}s}\right)^2\right]^{-\frac{1}{2}} \tag{6.34}$$

将式(6.34)代入式(6.33)得

$$U = \frac{EI}{2}\int_0^L \left(\frac{\mathrm{d}^2 f}{\mathrm{d}s^2}\right)^2 \left[1-\left(\frac{\mathrm{d}f}{\mathrm{d}s}\right)^2\right]^{-1} \mathrm{d}s \tag{6.35}$$

在水平力的作用下,梁的水平方向上的缩短量为

$$\delta = L - \int_0^L \sqrt{(\mathrm{d}s)^2 - (\mathrm{d}f)^2} = \int_0^L \left[1 - \sqrt{1-\left(\frac{\mathrm{d}f}{\mathrm{d}s}\right)^2}\right]\mathrm{d}s \tag{6.36}$$

所以水平力 N 所做的功为

$$W_1 = -N\cdot\delta = -N\int_0^L \left[1 - \sqrt{1-\left(\frac{\mathrm{d}f}{\mathrm{d}s}\right)^2}\right]\mathrm{d}s \tag{6.37}$$

垂直均布力 q 所做的功为

$$W_2 = \int_0^L qf(s)\mathrm{d}s = \int_0^L qY\sin\frac{\pi s}{L}\mathrm{d}s = \frac{2qYL}{\pi} \tag{6.38}$$

溶腔液体支承力 P 所做的功为

$$W_3 = -\int_0^L Pf(s)\mathrm{d}s = -\int_0^L PY\sin\frac{\pi s}{L}\mathrm{d}s = \frac{-2PYL}{\pi} \tag{6.39}$$

将式(6.35)、(6.37)、(6.38)、(6.39)代入式(6.26)得梁的势函数为

$$V = U + W_1 + W_2 + W_3 =$$

$$\frac{EI}{2}\int_0^L\left(\frac{d^2f}{ds^2}\right)^2\left[1-\left(\frac{df}{ds}\right)^2\right]^{-1}ds - N\int_0^L\left[1-\sqrt{1-\left(\frac{df}{ds}\right)^2}\right]ds + \frac{2YL}{\pi}(q-P) \tag{6.40}$$

(2)连通井溶腔顶板失稳的尖点突变模型

对式(6.40)被积函数泰勒级数展开，整理可得梁结构势函数的近似表达式为

$$V = \frac{EI\pi^6}{16L^5}Y^4 + \frac{\pi^2}{4L}\left(\frac{EI\pi^2}{L^2} - N\right)Y^2 + \frac{2YL}{\pi}(q-P) \tag{6.41}$$

设

$$Y = \frac{2L}{\pi}\sqrt[4]{\frac{L}{EI\pi^2}}\cdot x$$

$$a = \frac{L}{\pi}\sqrt{\frac{L}{EI}}\left(\frac{EI\pi^2}{L^2} - N\right)$$

$$b = \frac{4L^2}{\pi^2}\sqrt{\frac{L}{EI\pi^2}}\cdot(q-P)$$

则

$$V = x^4 + ax^2 + bx \tag{6.42}$$

所以，平衡曲面 M 的方程为

$$V' = 4x^3 + 2ax + b = 0 \tag{6.43}$$

分歧点集所满足的方程为

$$8a^3 + 27b^2 = 0 \tag{6.44}$$

即

$$\Delta = 8\left[\frac{L}{\pi}\sqrt{\frac{L}{EI}}\left(\frac{EI\pi^2}{L^2} - N\right)\right]^3 + 27\left[\frac{4L^2}{\pi^2}\sqrt{\left(\frac{L}{EI\pi^2}\right)}\cdot(q-P)\right]^2 = 0 \tag{6.45}$$

讨论：

①如图6.3所示，A 点是系统稳定平衡的临界点，满足方程 $\Delta=0$，即

$$q = P$$

$$N = \frac{EI\pi^2}{L^2}$$

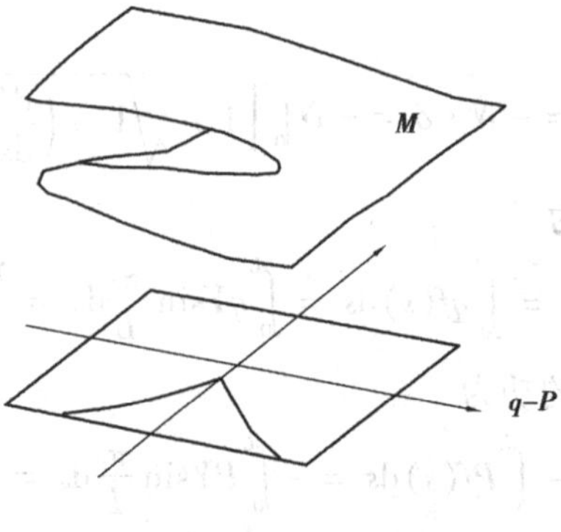

图6.3　梁结构的突变模型

因为只有当 $a\leqslant0$ 时才有跨越分歧集的可能，故得系统发生突跳的必要条件为

$$a = \frac{L}{\pi}\sqrt{\frac{L}{EI}}\left(\frac{EI\pi^2}{L^2} - N\right) \leqslant 0 \tag{6.46}$$

即

$$N \geqslant \frac{EI\pi^2}{L^2} \tag{6.47}$$

所以顶板岩盐的弹性模量 E 越小，采场跨距 L 越大，或者水平构造应力及自重侧压压力越大，系统就越容易发生突变，导致顶板的失稳。

②根据突变理论，当控制点跨越分歧点时，才会发生突变。此时有两种情况 $b>0$ 或 $b<0$。当 $b<0$ 时，即 $q-P<0$，这种情况在现实条件中基本不存在，所以只有 $b>0$ 的情况存在，则 $q-P>0$，即 $q>P$。

所以溶腔顶板失稳的充要条件为

$$\left.\begin{aligned} N &\geqslant \frac{EI\pi^2}{L^2} \\ q &> P \\ 8\left[\frac{L}{\pi}\sqrt{\frac{L}{EI}}\left(\frac{EI\pi^2}{L^2} - N\right)\right]^3 &+ 27\left[\frac{4L^2}{\pi^2}\sqrt{\frac{L}{EI\pi^2}}(q - P)\right]^2 = 0 \end{aligned}\right\} \tag{6.48}$$

因此，连通井溶腔顶板稳定性不仅与顶板所受垂直力和水平力的联合作用有关，而且与溶腔顶板跨距的增大及顶板系统的内部特征如顶板岩盐的弹性模量有密切的关系。水平应力越大、顶板岩层弹性模量越小、溶腔跨距越大，越容易引起溶腔顶板突跳破坏。

6.2.3 井组溶腔间矿柱稳定性突变模型

井组间矿柱的稳定性，是保障井组正常生产的关键。矿柱留设太大，会浪费大量岩盐资源，影响采区的开采率。而矿柱留设太小，会突跳失稳破坏，从而导致顶板大面积来压，致使井组报废。所以研究井组间矿柱的稳定性具有十分重要的意义。

(1) **力学模型**

假设矿柱对称分布，且其宽度远小于溶腔宽度，可将顶板岩层视为梁。为简化分析，设未采岩盐为刚性，梁是固支的，将矿柱视为一维柱体，并且梁为坚硬顶板，故在变形过程中始终保持弹性且不发生破坏，矿柱对顶板的支撑力视为集中力，顶板岩层自重及其上覆岩层的力简化为均布力 q，P 为溶腔内液体的压力，如图6.4所示。

设矿柱的本构关系具有软化性质的非线性关系，如图6.5所示，其本构关系为[113]

$$g(u) = \lambda u e^{-\frac{u}{u_0}} \tag{6.49}$$

式中 u——矿柱压缩量；

λ——矿柱的初始刚度；

u_0——峰值荷载对应的变形值。

梁的变形是弹性的，设在中点处梁的变形和矿柱的变形之和为 b，则梁在中点处挠度为 $b-u$，根据边界条件，可把梁的挠曲线方程写为[114]

$$f(s) = \frac{(b-u)}{2}\left(1 - \cos\frac{\pi s}{L}\right) \tag{6.50}$$

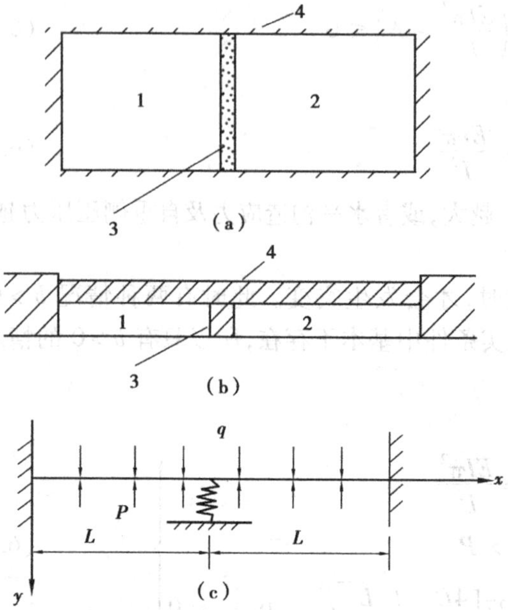

1,2—溶腔；3—矿柱；4—顶板

图 6.4　简化力学模型

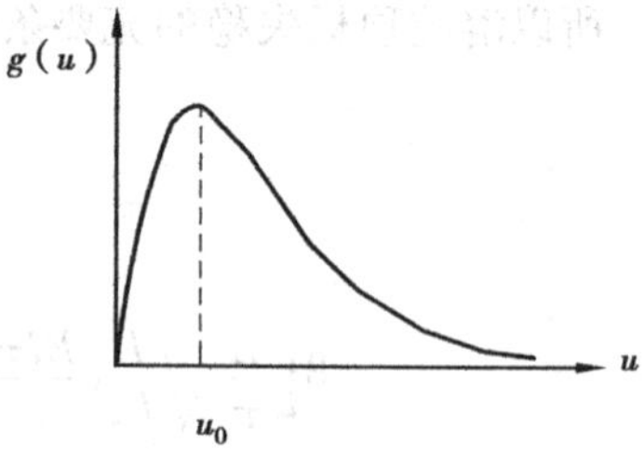

图 6.5　矿柱的应力—应变曲线

式中　s——弧长；

$f(s)$——挠度。

梁和矿柱构成的系统的总势能 V 应由梁的弯曲应变能、煤柱的压缩变形能及外力的功所组成。由于梁为坚硬顶板，所以梁—矿柱系统总势能可近似写为

$$V = \frac{EI}{2}\int_0^{2L}(f''(x))^2\mathrm{d}x + \int_0^{u}\lambda u e^{-\frac{u}{u_0}}\mathrm{d}u + \int_0^{2L}(q - P)f(x)\mathrm{d}x =$$

$$\frac{\pi^4 EI}{8L^3}(b-u)^2 + \lambda u_0[u_0 - (u_0+u)e^{-\frac{u}{u_0}}] + L(q-P)(b-u) \tag{6.51}$$

式中　E——梁的弹性模量；

I——梁的惯性矩。

(2)**突变模型**

平衡曲面 M 为

$$V' = \lambda u e^{-\frac{u}{u_0}} - \frac{\pi^4 EI}{4}(b-u) - (q-P)L = 0$$

$$V'' = \left(\frac{\lambda u}{u_0} - \frac{2\lambda}{u_0}\right)e^{-\frac{u}{u_0}} = 0 \tag{6.52}$$

所以尖点处有

$$U = u_1 = 2u_0 \tag{6.53}$$

将平衡曲面展开为尖点处状态变量 u_1 处的幂级数，并截取至前 3 次项得

$$\lambda u_1 e^{-\frac{u_1}{u_0}} - \frac{\pi^4 EI}{4L^3}(b-u_1) - (q-P)L + \left[\lambda\left(1-\frac{u_1}{u_0}\right)e^{-\frac{u_1}{u_0}} + \frac{\pi^4 EI}{4L^3}\right](u-u_1) +$$

$$\left[\frac{\lambda}{2u_0}\left(\frac{u_1}{u_0}-2\right)e^{-\frac{u_1}{u_0}}\right](u-u_1)^2+\left[\frac{\lambda}{6u_0^2}\left(3-\frac{u_1}{u_0}\right)e^{-\frac{u_1}{u_0}}\right](u-u_1)^3=0 \tag{6.54}$$

把式(6.52)、式(6.53)代入式(6.54),并令

$$z=\frac{u-u_1}{u_1}$$

$$c=\frac{3}{2}\left(\frac{\pi^4 EI}{4L^3\lambda e^{-2}}-1\right)$$

$$d=\frac{3}{2}\left[1-\frac{\pi^4 EI}{4L^3\lambda e^{-2}}\cdot\frac{(b-u_1)}{u_1}-\frac{(q-P)Le^2}{\lambda u_1}\right] \tag{6.55}$$

则式(6.55)变为

$$z^3+cz+d=0 \tag{6.56}$$

所以分歧点集所满足的方程为

$$4c^3+27d^2=0 \tag{6.57}$$

显然只有 $c\leqslant 0$ 时,系统才能跨越分叉集发生突变,即

$$\frac{3}{2}\left(\frac{\pi^4 EI}{4L^3\lambda e^{-2}}-1\right)\leqslant 0$$

即

$$\frac{\pi^4 EI}{4L^3}\leqslant \lambda e^{-2} \tag{6.58}$$

因此梁—矿柱失稳的必要条件取决于系统内部特性,当矿柱的软化特性越强(λe^2越大)、梁的弹性模量越小、跨距越大,越容易突变。

由图6.6可知,当系统跨越分叉集左右支时才可能发生系统的突跳。但在跨越分叉集的右支($d>0$)时,系统的突变仅是系统的数学结构(平衡整个数和稳定性)有突变,而状态变量 z 没有跳跃。矿柱失稳时,其变形一般会瞬时增大,即对应于跨越分叉集左支($d<0$)的情况。所以

$$\frac{\pi^4 EI}{4L^3\lambda e^{-2}}\cdot\left[\frac{(b-u_1)}{u_1}+\frac{(q-P)Le^2}{\lambda u_1}\right]>1 \tag{6.59}$$

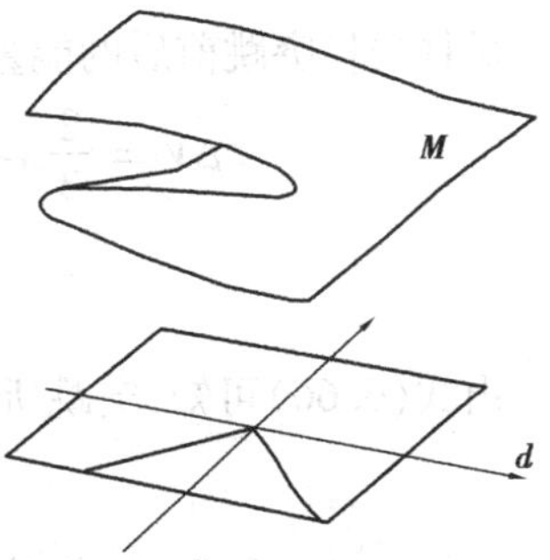

图6.6　梁结构的突变模型

所以矿柱失稳的充要力学条件为

$$\left.\begin{aligned}&2\left(\frac{\pi^4 EI}{4L^3\lambda e^{-2}}-1\right)^3+9\left[1-\frac{\pi^4 EI}{4L^3\lambda e^{-2}}\cdot\frac{(b-u_1)}{u_1}-\frac{(q-P)Le^2}{\lambda u_1}\right]=0\\&\frac{\pi^4 EI}{4L^3\lambda e^{-2}}\cdot\left[\frac{(b-u_1)}{u_1}+\frac{(q-P)Le^2}{\lambda u_1}\right]>1\\&\frac{\pi^4 EI}{4L^3}\leqslant\lambda e^{-2}\end{aligned}\right\} \tag{6.60}$$

(3)矿柱突跳失稳的释能机制

当 $c=0$ 时,方程式(6.56)有三重零根;当 $c<0$ 时有三个实根。有

$$z_1 = 2\left(-\frac{c}{3}\right)^{\frac{1}{2}} = \sqrt{2}\left(1 - \frac{\pi^4 EI}{4L^3\lambda e^{-2}}\right)^{\frac{1}{2}} \tag{6.61}$$

$$Z_2 = Z_3 = -\frac{\sqrt{2}}{2}\left(1 - \frac{\pi^4 EI}{4L^3\lambda e^{-2}}\right)^{\frac{1}{2}} \tag{6.62}$$

于是跨越分叉集时状态变量发生突跳量(见图6.7)为

$$\Delta z = z_1 - z_2 = \frac{3\sqrt{2}}{2}\left(1 - \frac{\pi^4 EI}{4L^3\lambda e^{-2}}\right)^{\frac{1}{2}} \tag{6.63}$$

所以矿柱失稳前后变形的突跳量为

$$\Delta u = u_1\Delta z = 3\sqrt{2}\left(1 - \frac{\pi^4 EI}{4L^3\lambda e^{-2}}\right)^{\frac{1}{2}} \tag{6.64}$$

由式(6.64)可知,矿柱变形突跳量仅与系统的内在特性有关。

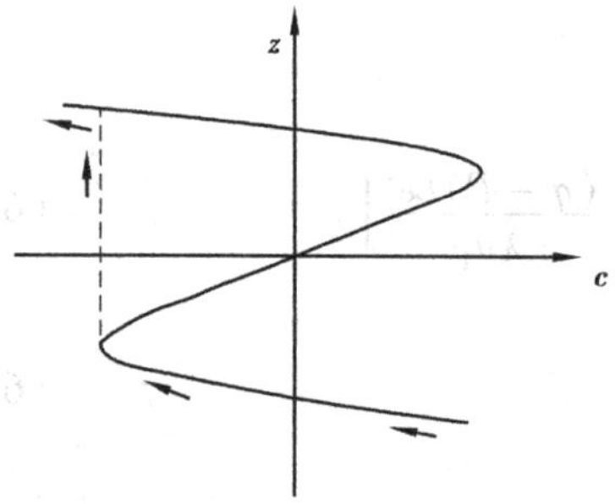

图6.7 跨越分叉集时状态变量 z 的突跳

将梁—矿柱的系统函数在尖点 u_1 处泰勒展开,并把式(6.55)代入得

$$V = \frac{2}{3}\lambda e^{-2}u_0^2(z^4 + 2cz + c) \tag{6.65}$$

式中
$$c = \frac{3}{2}\left[e^2 - 3 + 2\frac{\pi^4 EI}{4L^3\lambda e^{-2}}\cdot\frac{(b-u_1)}{u_1} + 2\frac{(q-P)Le^2}{\lambda u_1}\right]$$

矿柱失稳突跳前后的能量差为

$$\Delta V = \frac{2}{3}\lambda e^{-2}u_0^2[z_1^4 - z_2^4 + 2c(z_1^2 - z_2^2) + 4\mathrm{d}(z_1 + z_2)] = \frac{1}{2}\lambda e^{-2}u_0^2\left(1 - \frac{\pi^4 EI}{4L^3\lambda e^{-2}}\right)^2 \tag{6.66}$$

由式(6.66)可知,突跳所释放的能量仅与系统的内在特性有关。

6.3 溶腔储气库运营期稳定性综合评价模型

作者应用安全系统科学理论建立盐岩地下储气库运营期稳定性的多层次、多指标综合评价体系。采用可拓法和模糊综合评价法对同一地下储气库进行评价,以检验评价体系的可靠性。

6.3.1 体系设计及评价指标

充分考虑盐岩地下储气库运营期稳定性的内在特征、外界环境构成要素,将盐岩地下储气库运营期稳定性评价分解为若干个评价层来考虑,采用自下而上的层次设计方法,基于相关理论成果,结合工程实际,合理、有效地确定其下层各评价子项目,形成一个包含多个评价子项目的多层次评价系统,由底层到中层再到顶层进行深入细致的研究。顶层为盐岩地下储气库运营期稳定性,称为目标层。中间层为描述盐岩地下储气库状态的项目,称为描述层。底层为盐岩地下储气库运营期稳定性评价的指标及其指标的表征量,称为指标层。评价体系及评价指标如图6.8所示。

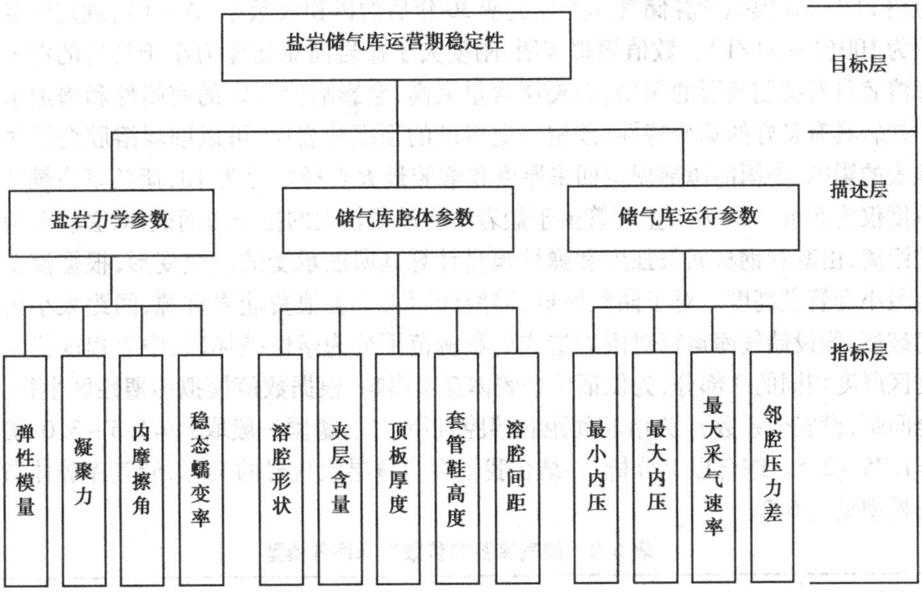

图6.8　盐岩地下储气库运营期稳定性评价体系及评价指标

6.3.2　稳定性等级标准及指标评分方法

结合相关行业安全等级分类，将盐岩地下储气库运营期稳定性分为5个评价等级：Ⅰ级为不稳定、Ⅱ级为基本稳定、Ⅲ级为较稳定、Ⅳ级为稳定、Ⅴ级为很稳定。以百分制分别对应分值为：Ⅰ级：[0, 60]；Ⅱ级：[60, 70]；Ⅲ级：[70, 80]；Ⅳ级：[80, 90]；Ⅴ级：[90, 100]。

为减小主观性，不采用专家打分的方式，而主要根据试验和数值模拟结果构建各参数的评分模型。

(1)盐岩力学参数评分模型

根据中国科学院武汉岩土力学研究所对云应和金坛盐矿盐样进行的单轴、三轴压缩和蠕变试验结果[10-11]，构建盐岩力学参数各指标的评分模型如表6.1所示。

表6.1　盐岩力学参数各指标评分模型

指标	分值计算方法		
弹性模量 E/ GPa	$0\leqslant E<5$	$5\leqslant E<20$	$E\geqslant 20$
得分	$12E$	$(-8E^2+320E+1\,300)/45$	100
凝聚力 c/ MPa	$0\leqslant c<1$	$1\leqslant c<5$	$c\geqslant 5$
得分	$60C$	$-2.5c^2+25c+37.5$	100
内摩擦角 φ/ (°)	$0\leqslant \varphi<30$	$30\leqslant \varphi<50$	$\varphi\geqslant 50$
得分	$\varphi^2/15$	$-0.1\varphi^2+10\varphi-150$	100
稳态蠕变率 ε_s/ ($10^{-4}\cdot h^{-1}$)	$0\leqslant \varepsilon_s<3$	$3\leqslant \varepsilon_s<6$	$\varepsilon_s\geqslant 6$
得分	$-40\varepsilon_s^2/9+100$	$20\varepsilon_s^2/3-80\varepsilon_s+240$	0

(2)储气库腔体参数评分模型

应用 FLAC3D 模拟计算储气库腔体流变 30 年后的体积收敛率($\Delta V/V$),规定溶腔形状指标得分为 $100(1-\Delta V/V)$。数值模拟表明,刚度大于盐岩而流变能力小于盐岩的泥岩夹层对储气库溶腔具有抑制变形的作用,但夹层含量太高,会影响储气库的密闭性和增加水溶建腔难度。盐岩具有良好的蠕变特性,预留一定厚度的顶板盐岩层,可以削弱溶腔变形对上部岩层及地表的影响,美国能源部规定回采厚度和溶腔最大直径之比为 10,荷兰享格勒地区规定顶板厚度仅为 5 m[12]。为防止套管由于盐岩蠕变承受较大的拉应力而破坏,套管鞋应距腔顶一定的距离,由套管钢材屈服强度和弹性模量计算其所能承受的应变变形,根据流变模拟结果确定最小套管鞋高度。对于储气库群,溶腔间距太大会浪费盐岩资源,间距太小则可能发生失稳破坏,假设储气库运行对围岩造成的影响范围分为塑性破坏区、中等程度扰动区和轻微扰动区厚度相同的 3 部分,为保证单个腔体互不影响,根据数值模拟的塑性区半径,确定溶腔安全间距,设安全系数 r_3 为溶腔间距和溶腔直径之比,德国一般取 $r_3=1.5\sim3.0$,美国一般取 $r_3=1.75\sim2.5$。综合以上分析,并结合我国多为薄层状盐岩的实际,储气库腔体参数各指标评分模型见表 6.2。

表 6.2 储气库腔体参数指标评分模型

指标	分值计算方法			
夹层含量 Q /%	$0\leqslant Q<10$	$10\leqslant Q<20$	$Q\geqslant20$	
得分	$0.4C^2-8C+100$	$-0.6C^2+12C$	0	
顶板厚度	$0\leqslant r_1<0.5$	$0.5\leqslant r_1<1$	$1\leqslant r_1<2$	$r_1\geqslant2$
得分	$50\cos[\pi(2r_1+1)]+50$	100	$50\cos[\pi(r_1+1)]+50$	0
套管鞋高度	$0\leqslant r_2<1$	$1\leqslant r_2<1.5$	$1.5\leqslant r_2<2.5$	$r_2\geqslant2.5$
得分	$50\cos[\pi(r_2+1)]+50$	100	$50\cos[\pi(r_2+0.5)]+50$	0
溶腔间距	$0\leqslant r_3<2$	$2\leqslant r_3<3$	$3\leqslant r_3<5$	$r_3\geqslant5$
得分	$50\cos[\pi(0.5K+1)]+50$	100	$50\cos[\pi(K+1)/2]+50$	0

注:r_1 为顶板厚度和溶腔直径比值;r_2 为套管鞋实际高度与模拟高度比值,r_3 为溶腔间距和溶腔直径之比。

(3)储气库运行参数评分模型

储气库运行 5 年后体积收缩率应控制在 5% 以内,最大、最小内压比值范围是 2:1 ~6:1,据此确定最小内压与最大内压[13]。储气库一年注采气周期下体积应变不应超过 3%[14],由此计算储气库最大采气降压速率。储气库多采用并联操作,即任意时刻邻腔压力差均为 0,最有利于储气库稳定。综合以上分析,储气库运行参数各指标评分模型见表 6.3。

表 6.3 储气库运行参数指标评分模型

指标	分值计算方法		
最小内压 U_{21}	$r_4<0.6$	$0.6\leqslant r_4\leqslant1.8$	$r_4>1.8$
得分	0	$50\cos(5\pi r_3/3)+50$	0
最大内压 U_{22}	$r_5<0.5$	$0.5\leqslant r_5\leqslant1.5$	$r_5>1.5$
得分	0	$50\cos(2\pi r_4)+50$	0

续表

指标	分值计算方法		
最大采气速率 U_{23}	$r_6<0.6$	$0.6\leqslant r_6\leqslant 1.4$	$r_6>1.4$
得分	0	$50\cos(2.5\pi r_5-0.5\pi)+50$	0
邻腔运行压力差 U_{21}/MPa	$0\leqslant \Delta P\leqslant 8$	$\Delta P>8$	
得分	$50\cos\left(\frac{\pi\Delta P}{8}\right)+50$	0	

注：r_4、r_5、r_6 分别为储气库最小内压、最大内压和最大采气速率的运行值与模拟值之比；ΔP 为邻储气库动态运行压力差。

6.3.3 评价等级对应指标的量值

根据以上评分标准，可以计算出5个评价等级的对应指标量值，见表6.4—表6.6。

由于表6.4—表6.6中各指标单位不统一，采用极差法对数据进行无量纲化处理，对数值越大越有利于稳定的指标，采用式(6.67)进行计算为

$$X'_{ij}=\frac{X_{ij}-X_{i\min}}{X_{i\max}-X_{i\min}} \tag{6.67}$$

对数值越小越有利于稳定的指标，采用式(6.68)进行计算为

$$X'_{ij}=\frac{X_{i\max}-X_{ij}}{X_{i\max}-X_{i\min}} \tag{6.68}$$

式中 X'_{ij}——极差化后的数据；

X_{ij}——原始数据；

$X_{i\max}$、$X_{i\min}$——第 i 行数据的最大值与最小值。

表6.4 各评价等级盐岩力学参数指标量值范围

评价等级	弹性模量 E/GPa	凝聚力 c/MPa	内摩擦角 φ/(°)	稳态蠕变率 ε_s/($10^{-4}\cdot h^{-1}$)
Ⅰ	0~5.0	0.00~1.00	0~30.0	6.0~3.0
Ⅱ	5.0~7.0	1.00~1.54	30.0~32.7	3.0~2.6
Ⅲ	7.0~9.4	1.54~2.17	32.7~35.9	2.6~2.1
Ⅳ	9.4~12.5	2.17~3.00	35.9~40.0	2.1~1.5
Ⅴ	12.5~20.0	5.0~3.00	50~40.0	1.5~0

表6.5 各评价等级岩储气库腔体参数指标量值范围

评价等级	溶腔形状 ΔV/V	夹层含量 C / %	顶板厚度	套管鞋高度	溶腔间距
Ⅰ	1.0～0.4	100～10.0	0～0.28 或 2.0～1.44	0～0.56 或 2.5～1.94	0～1.13 或 5.0～3.87
Ⅱ	0.4～0.3	10.0～5.0	0.28～0.32 或 1.44～1.40	0.56～0.63 或 1.94～1.87	1.13～1.26 或 3.87～3.74
Ⅲ	0.3～0.2	5.0～2.9	0.32～0.35 或 1.40～1.30	0.63～0.70 或 1.87～1.80	1.26～1.41 或 3.74～3.59
Ⅳ	0.2～0.1	2.9～1.3	0.35～0.40 或 1.30～1.20	0.70～0.80 或 1.80～1.70	1.41～1.59 或 3.59～3.41
Ⅴ	0～0.1	0～1.3	0.40～0.50 或 0.50～1.20	0.80～1.25 或 1.25～1.70	1.59～2.5 或 2.5～3.41

表6.6 各评价等级岩储气库运行参数指标量值范围

评价等级	最小内压	最大内压	最大采气速率	邻腔压力差 / MPa
Ⅰ	0～0.94 或 2.40～1.46	0～0.78 或 2.00～1.22	0～0.83 或 2.0～1.18	4.0～5.0
Ⅱ	0.94～0.98 或 1.46～1.42	0.78～0.82 或 1.22～1.18	0.83～0.85 或 1.18～1.15	3.0～4.0
Ⅲ	0.98～1.02 或 1.42～1.38	0.82～0.85 或 1.18～1.15	0.85～0.88 或 1.15～1.12	2.0～3.0
Ⅳ	1.02～1.08 或 1.38～1.32	0.85～0.90 或 1.15～1.10	0.88～0.92 或 1.12～1.08	1.0～2.0
Ⅴ	1.08～1.20 或 1.20～1.32	0.90～1.00 或 1.00～1.10	0.92～1.00 或 1.00～1.08	0～1.0

表6.4—表6.6中各指标无量纲化处理后，结果如表6.7—表6.9所示。

表6.7 无量纲化后各评价等级盐岩力学参数指标量值范围

评价等级	弹性模量 E / GPa	凝聚力 c / MPa	内摩擦角 φ/ (°)	稳态蠕变率 ε_s/ ($10^{-4}\cdot h^{-1}$)
Ⅰ	0.00～0.25	0.00～0.20	0.00～0.60	0.00～0.50
Ⅱ	0.25～0.35	0.20～0.31	0.60～0.65	0.50～0.57
Ⅲ	0.35～0.47	0.31～0.40	0.65～0.72	0.57～0.65
Ⅳ	0.47～0.63	0.40～0.60	0.72～0.80	0.65～0.75
Ⅴ	0.63～1.00	0.60～1.00	0.80～1.00	0.75～1.00

表6.8　无量纲化后各评价等级岩储气库腔体参数指标量值范围

评价等级	溶腔形状 ΔV/V	夹层含量 C/%	顶板厚度	套管鞋高度	溶腔间距
Ⅰ	0.00~0.60	0.00~0.90	0.00~0.56	0.00~0.45	0.00~0.45
Ⅱ	0.60~0.70	0.90~0.95	0.56~0.64	0.45~0.50	0.45~0.50
Ⅲ	0.70~0.80	0.95~0.97	0.64~0.70	0.50~0.56	0.50~0.56
Ⅳ	0.80~0.90	0.97~0.99	0.70~0.80	0.56~0.64	0.56~0.64
Ⅴ	0.90~1.00	0.99~0.00	0.80~1.00	0.64~1.00	0.64~1.00

表6.9　无量纲化后各评价等级岩储气库运行参数指标量值范围

评价等级	最小内压	最大内压	最大采气速率	邻腔压力差 /MPa
Ⅰ	0.00~0.78	0.00~0.78	0.00~0.83	0.00~0.20
Ⅱ	0.78~0.82	0.78~0.82	0.83~0.85	0.20~0.40
Ⅲ	0.82~0.85	0.82~0.85	0.85~0.88	0.40~0.60
Ⅳ	0.85~0.90	0.85~0.90	0.88~0.92	0.60~0.80
Ⅴ	0.90~1.00	0.90~1.00	0.92~1.00	0.80~1.00

6.3.4　确定评价指标权重

根据国外储气库建设经验和盐岩专家的建议[5, 11]，采用AHP对描述层中盐岩力学参数、储气库腔体参数和储气库运行参数进行两两比较，构建判断矩阵M。利用Matlab软件的$[V,D]=eig(M)$命令确定指标权重W，并进行一致性检验。同理确定指标层中各子指标在描述层中的权重，计算结果详见表6.10。

表 6.10 指标权重取值

描述层	W_i	指标层	W_{ij}
盐岩力学参数	0.333 4	弹性模量 E	0.250 0
		凝聚力 c	0.250 0
		内摩擦角 φ	0.250 0
		稳态蠕变率 ε_s	0.250 0
储气库腔体参数	0.333 3	溶腔形状	0.285 3
		夹层含量	0.139 4
		顶板厚度	0.194 9
		套管鞋高度	0.095 1
		溶腔间距	0.285 3
储气库运行参数	0.333 3	最小内压	0.363 6
		最大内压	0.181 8
		最大采气速率	0.363 6
		邻腔压力差	0.091 0

6.4 金坛西1储气库稳定性可拓法评价

基于物元的可拓法可以解决岩体工程稳定性评价过程中常见的矛盾相容、定量与定性共存等问题，得到了较为广泛的应用。

6.4.1 可拓法及评价步骤

可拓法是基于物元的评价方法，物元是其逻辑细胞。其评价步骤如下：

1）确定经典域

物元表示为

$$R = (N, C, V) \tag{6.69}$$

式中 N——事物的名称；

C——特征；

V——量值。

事物可以有 n 个特征 $c_1, c_2, \cdots, c_n$ 和相应的量值 $v_1, v_2, \cdots, v_n$。

经典域为物元中 V 的量值范围。

2)确定节域

节域表示为

$$R_p = (P, C_i, V_{pi}) \tag{6.70}$$

式中　P——全部评价等级；

$V_p = (a_{pi}, b_{pi}), (i=1, 2, 3, \cdots, n)$——评价指标 C_i 在 P 条件下所取的量值范围。

3)确定待评物元

待评物元表示为

$$R = (N, C_i, V_i) \tag{6.71}$$

式中　N——待评对象；

C_i——评价指标，$(i=1, 2, 3, \cdots, n)$；

V_i——对应评价指标的取值。

4)计算单指标关联度

单指标关联度指待评价对象的第 i 个$(i=1, 2, 3, \cdots, n)$指标关于分类等级 $j(j=1,2,3,4,\cdots,m)$ 的关联度，用式(6.72)—式(6.74)计算。

当 $\rho[v_i(t), v_{pi}] - \rho[v_i(t), v_{0ij}] = 0$ 时

$$K_j(v_i) = \frac{\rho[v_i(t), v_{0ij}]}{\rho[v_i(t), v_{pi}] - \rho[v_i(t), v_{0ij}]} \tag{6.72}$$

当 $\rho[v_i(t), v_{pi}] - \rho[v_i(t), v_{0ij}] \neq 0$ 时

$$K_j(v_i) = -\rho[v_i(t), v_{0ij}] - 1 \tag{6.73}$$

$$\left.\begin{aligned} \rho[v_i(t), v_{0ij}] &= \left| v_i - \frac{a_{0ij} + b_{0ij}}{2} \right| - \frac{b_{0ij} - a_{0ij}}{2} \\ \rho[v_i(t), v_{pi}] &= \left| v_i - \frac{a_{pi} + b_{pi}}{2} \right| - \frac{b_{pi} - a_{pi}}{2} \end{aligned}\right\} \tag{6.74}$$

式中　K——单指标关联度；

$(a_{0ij}, b_{0ij})(j=1,2,3,4,\cdots,m, m$ 为评价等级)——评价指标 C_i 在所有条件下的量值范围。

5)计算多指标综合关联度

多指标综合关联度表征评价对象关于各评价等级的归属程度，可计算为

$$K_j(N) = \sum_{i=1}^{n} \alpha_i K_j(v_i) \tag{6.75}$$

式中　$j=1,2,3,\cdots,m$；

α_i——指标 C_i 的权重系数，权重系数之和必须等于1。

6)确定评价等级和级别变量特征值

在 $K_j(N)$ 中，最大的 $\max\limits_j[K_j(N)]$ 所属的稳定性等级 j 即为待评价对象的稳定性等级。

待评价对象级别变量特征值可计算为

$$j^* = \frac{\sum_{j=1}^{m} jK_j'(N)}{\sum_{j=1}^{m} K_j'(N)} \tag{6.76}$$

式中，$K_j'(N) = \dfrac{K_j(N) - \min\limits_j K_j(N)}{\max\limits_j K_j(N) - \min\limits_j K_j(N)}$，其中 $j = 1, 2, 3, \cdots, m$。

6.4.2　金坛西 1 储气库运营期稳定性待评物元

金坛西 1 储气库为我国最早的 4 个盐岩地下储气库之一，目前已经安全运营 3 年，储库稳定。其盐岩力学参数、储气库库腔体参数和运行参数详见表 6.11。表中的无量纲化值即为西 1 储气库稳定性待评物元。

表 6.11　运营期西 1 储气库稳定性评价指标取值

描述层	指标层	相应值	无量纲化值
盐岩力学参数	弹性模量 E/ GPa	18.5	0.66
	凝聚力 c/MPa	1.2	0.24
	内摩擦角 φ/℃	40	0.80
	稳态蠕变率 ε_s/ $(10^{-4} \cdot h^{-1})$	4.8	0.20
储气库腔体参数	溶腔形状	0.18	0.82
	夹层含量 C / %	3	0.97
	顶板厚度	0.38	0.76
	套管鞋高度	0.75	0.60
	溶腔间距	1.70	0.68
储气库运行参数	最小内压	0.83	0.69
	最大内压	0.57	0.57
	最大采气速率	0.85	0.85
	邻腔压力差/ MPa	1.75	0.65

6.4.3　西 1 储气库可拓法评价及结果

西 1 储气库稳定性评价可拓评价由两部分组成：描述层和目标层可拓评价，描述层可拓评价是目标层可拓评价的前提和基础。

(1)描述层可拓评价

应用编制的可拓法评价计算程序,进行可拓法评价的4、5、6步,西1储气库描述层可拓评价过程及评价结果见表6.12—表6.14。

表6.12　盐岩力学参数可拓评价计算结果

等级	单指标关联度				综合关联度
	弹性模量	凝聚力	内摩擦角	稳态蠕变率	
Ⅰ	-0.642 11	-0.559 52	-0.849 32	-0.200 00	-0.562 74
Ⅱ	-0.604 65	-0.506 67	-0.803 57	0.200 00	-0.428 72
Ⅲ	-0.546 67	-0.403 22	-0.710 53	-0.058 82	-0.429 81
Ⅳ	-0.370 37	-0.193 55	-0.450 00	-0.272 73	-0.224 89
Ⅴ	0.370 37	-0.139 53	0.450 00	-0.404 07	-0.069 19

注:弹性模量、凝聚力、内摩擦角、稳态蠕变率权重分别为0.25、0.25、0.25、0.25;级别变量特征值为4.187。

表6.13　储气库腔体参数可拓评价计算结果

等级	单指标关联度					综合关联度
	溶腔形状	夹层含量	顶板厚度	套管鞋高度	溶腔间距	
Ⅰ	-0.550 00	0.500 00	-0.358 21	-0.326 92	-0.440 00	-0.313 66
Ⅱ	-0.400 00	-0.500 00	-0.140 00	-0.125 00	-0.300 00	-0.308 59
Ⅲ	-0.100 00	-0.666 67	0.411 76	0.333 33	-0.066 67	-0.028 53
Ⅳ	0.200 00	-0.750 00	-0.188 68	-0.222 22	0.200 00	-0.048 33
Ⅴ	-0.307 69	-0.812 50	-0.376 81	-0.363 64	-0.222 22	-0.372 46

注:溶腔形状、夹层含量、顶板厚度、套管鞋高度、溶腔间距的权重分别为0.285 3、0.139 4、0.194 9、0.095 1、0.285 3;级别变量特征值为3.180。

表6.14　储气库运行参数可拓评价计算结果

等级	单指标关联度				综合关联度
	最小内压	最大内压	最大采气速率	邻腔压力差	
Ⅰ	-0.625	-0.358 21	0.230 77	-0.300 00	-0.235 76
Ⅱ	-0.500	-0.188 68	-0.230 77	0.250 00	-0.277 26

续表

等级	单指标关联度				综合关联度
	最小内压	最大内压	最大采气速率	邻腔压力差	
Ⅲ	-0.250	0.230 77	-0.375 00	-0.125 00	-0.196 68
Ⅳ	0.500	-0.065 22	-0.500 00	-0.416 67	-0.049 77
Ⅴ	-0.250	-0.348 48	-0.545 45	-0.562 50	-0.403 77

注：最小内压、最大内压、最大采气速率、邻腔压力差的权重分别为0.363 6、0.181 8、0.363 6、0.090 9；级别变量特征值为2.873。

(2)目标层可拓评价

由以上的计算，可以得出3个描述物元(盐岩力学参数，储气库腔体参数，储气库运行参数)的级别变量特征值分别为4.187、3.180、2.873。把描述物元对应于5个等级进行均匀取值，分别对应于(0,1)，(1,2)，(2,3)，(3,4)，(4,5)。分别计算单指标关联度和综合关联度。目标物元可拓法评价结果见表6.15。

表6.15 目标层可拓评价结果

等级	单指标关联度			综合关联度
	盐岩力学参数	储气库腔体参数	储气库运行参数	
Ⅰ	-0.800 00	-0.550 00	-0.462 50	-0.604 17
Ⅱ	-0.733 33	-0.400 00	-0.283 33	-0.472 22
Ⅲ	-0.600 00	-0.100 00	0.150 00	-0.183 33
Ⅳ	-0.200 00	0.200 00	-0.065 22	-0.021 74
Ⅴ	0.200 00	-0.307 69	-0.348 48	-0.152 06

注：盐岩力学参数、储气库腔体参数、储气库运行参数的权重分别为0.333 3、0.333 3、0.333 4。级别变量特征值为3.853。

从表6.15可知，金坛西1储气库稳定性综合评价的级别变量特征值为3.853，运营期储气库处于Ⅳ级，为稳定状态。

6.5 金坛西1储气库稳定性模糊综合评价

模糊综合评价是利用隶属函数作为桥梁将模糊性加以量化,适用于评价具有模糊的非量化因素的对象,在岩体工程稳定性评价中得到了较为广泛的应用。

6.5.1 模糊综合评价及评价过程

对于给定对象的模糊综合评价,设给定2个有限论域

$$\left.\begin{aligned}&\text{因素集合}: U = \{u_1, u_2, u_3, \cdots, u_m\}\\&\text{评价集合}: V = \{v_1, v_2, v_3, \cdots, v_n\}\end{aligned}\right\} \tag{6.77}$$

式中 元素 $U_i(i=1,2,\cdots,m)$——影响评价对象的若干因素;

$V_i(i=1,2,\cdots,n)$——若干可能作出的判断结果。

令

$$B = AR \tag{6.78}$$

式中 A——因素权重集 $A=\{a_1,a_2,a_3,\cdots,a_n\}$,表示各评价指标对于评价结果的影响程度;

R——综合评价矩阵,描述因素集 U 与评价集 V 之间的关系;

B——模糊综合评价集,表示最终评价结果的集合。

在储气库评价体系设计中,将评价对象分为了指标层、描述层和目标层,因此,需要进行多级模糊综合评价。

多级模糊评价就是先把评价的某一事物的多种因素按其属性分为若干类大因素,然后对每一类大因素进行初级的综合评价,最后再对初级评价的结果,进行高一级的综合评价,其过程如下:

①确定因素集 U,按其不同属性分成若干互不相交的因素子集 $U=\{u_1,u_2,u_3,\cdots,u_m\}$,评价集 $V=\{v_1,v_2,v_3,\cdots,v_n\}$。

②对每个 $U_k(k=1,2,\cdots,n)$进行初级综合评价。

根据 $U_k=\{u_1,u_2,u_3,\cdots,u_{knk}\}$ 中各因素的作用大小,赋予相应的权重 A_k,$A_k=\{a_{k1},a_{k2},a_{k3},\cdots,a_{knk}\}$ 且 $\sum\limits_{t=1}^{n_k} a_{kt}=1$;对 U_k 中的每个因素 u_{knk} 按照评价集 $V=\{v_1,v_2,v_3,\cdots,v_n\}$ 的等级评定出 u_{knk} 对 V_j 的隶属度 $r_{kij}(i=1,2,\cdots,m;j=1,2,\cdots,n)$,由此组成单因素评价矩阵 R_k。然后可以得出 U_k 的一级综合评价结果为

$$B_k = A_kR_k = \{b_{k1}, b_{k2}, \cdots, b_{km}\} \qquad (k = 1,2,\cdots,n) \tag{6.79}$$

③对 U 进行综合评价,将 U 中的 n 个元素 $U=\{u_1,u_2,u_3,\cdots,u_m\}$ 视为 U 上的 n 个单因素,按各 U_k 在 U 中所起作用的大小确定权重 A_k,$A_k=\{a_{k1},a_{k2},a_{k3},\cdots,a_{kn}\}$;由各 U_k 的评价结果 $B_k(k=1,2,\cdots,n)$,得出总的评价矩阵为

$$R=\begin{bmatrix}B_1\\B_2\\\vdots\\B_n\end{bmatrix}=\begin{bmatrix}b_{11}&b_{12}&\cdots&b_{1m}\\b_{21}&b_{22}&\cdots&b_{2m}\\\vdots&\vdots&&\vdots\\b_{n1}&b_{n2}&\cdots&b_{nm}\end{bmatrix}\tag{6.80}$$

则得出 U 的综合评价为

$$B=AR=A\begin{bmatrix}B_1\\B_2\\\vdots\\B_n\end{bmatrix}=(b_1,b_2,\cdots,b_m)\tag{6.81}$$

6.5.2 西 1 储气库模糊综合评价及结果

西 1 储气库运营期稳定性评价指标取值见表 6.11。根据各指标评分模型计算得到各指标分值,将其代入梯形分布隶属函数为

$$f_1(u_{ij})=\begin{cases}1 & 90\leqslant u_{ij}\leqslant 100\\ \dfrac{u_{ij}-80}{90-80} & 80\leqslant u_{ij}<90\\ 0 & u_{ij}<80\end{cases}$$

$$f_2(u_{ij})=\begin{cases}\dfrac{100-u_{ij}}{100-90} & 90\leqslant u_{ij}\leqslant 100\\ 1 & 80\leqslant u_{ij}<90\\ \dfrac{u_{ij}-70}{80-70} & u_{ij}<80\\ 0 & u_{ij}<70\end{cases}$$

$$f_3(u_{ij})=\begin{cases}0 & 90\leqslant u_{ij}\leqslant 100\\ \dfrac{90-u_{ij}}{90-80} & 80\leqslant u_{ij}<90\\ 1 & 70\leqslant u_{ij}<80\\ \dfrac{u_{ij}-60}{70-60} & 60\leqslant u_{ij}<70\\ 0 & u_{ij}<60\end{cases}$$

$$f_4(u_{ij})=\begin{cases}0 & 80\leqslant u_{ij}\leqslant 100\\ \dfrac{80-u_{ij}}{80-70} & 70\leqslant u_{ij}<80\\ 1 & 60\leqslant u_{ij}<70\\ \dfrac{u_{ij}-50}{60-50} & 50\leqslant u_{ij}<60\\ 0 & u_{ij}<50\end{cases}$$

$$f_5(u_{ij}) = \begin{cases} 0 & 70 \leqslant u_{ij} \leqslant 100 \\ \dfrac{70 - u_{ij}}{70 - 60} & 60 \leqslant u_{ij} < 70 \\ 1 & 0 \leqslant u_{ij} < 60 \end{cases}$$

得到各指标对 V_j 的隶属度及模糊关系矩阵 R。进而得到综合评价矩阵 $B = WR$。最后，求得储气库运营期稳定性的综合得分 $M = BV^T$。评价结果见表6.16。

表6.16　西1储气库模糊综合评价结果

描述层	权　重	指标层	权　重	Z_{ij}	Z_i	Z
盐岩力学参数	0.333 4	弹性模量 E	0.250 0	99.60	80.97	80.34
		凝聚力 c	0.250 0	64.84		
		内摩擦角 φ	0.250 0	90.00		
		稳态蠕变率 ε_s	0.250 0	74.40		
储气库腔体参数	0.333 3	溶腔形状	0.285 3	79.72	69.07	
		夹层含量	0.139 4	99.89		
		顶板厚度	0.194 9	50.60		
		套管鞋高度	0.095 1	100.00		
		溶腔间距	0.285 3	49.21		
储气库运行参数	0.333 3	最小内压	0.363 6	88.30	91.00	
		最大内压	0.181 8	96.31		
		最大采气速率	0.363 6	95.83		
		邻腔压力差	0.091 0	100.00		

由6.11表可知，金坛西1储气库稳定性综合模糊评价得分为80.10，处于Ⅳ级，为稳定状态，与可拓法评价结果一致。

第7章 金坛溶腔储气库的地表变形预测

7.1 金坛盐矿地质情况

7.1.1 区域构造

(1)区域构造轮廓

金坛盆地北东向长 33 km,北西向宽约 22 km,面积约 726 km^2,夹持于茅山推覆带和上黄—大华隆起带之间,为北东向的小型沉积盆地。在大地构造上位于扬子地台的东北部,是苏南隆起区常州坳陷带中的次一级构造单元,其东部和南部与上黄—大华隆起相邻,北与陵口盆地和宁镇隆起带相望,西靠茅山推覆带。

常州坳陷为中、新生代沉积盆地,总的构造格局为中部高、四周低,在隆起带周边形成金坛、常州、陵口、溧阳、南渡等若干中、新生代盆地,其中以西部的金坛盆地下陷最深,新生界沉积较厚。

(2)盆地构造特征

金坛盆地深凹部在盆地西部的直溪桥凹陷,该凹陷北起旧县、延陵,南至薛埠、西塔山,西达荣炳、西场,东至迪庄、直溪、河口,呈北东走向,面积约 265 km^2,凹陷中部为盐岩沉积区,面积 60.5 km^2。

凹陷的沉降中心在西北部紫阳桥一带,中、新生界沉积可达 3 800 m。直溪桥凹陷北受荣炳—阳山北东向拉张断裂控制,是本凹陷重要的边界断层,其断距超过 2 500 m,它的形成和发展严格控制凹陷内新生界的发育和沉积,凹陷东南受迪庄河口北东向拉张断裂控制,断距逾千米,控制了盐岩的沉积;凹陷南部受近东西向的岗段—上阳断裂控制,断距约 600 m。由此看来,直溪桥凹陷为北西深、南东浅的箕状凹陷。

根据基底起伏和沉积发育特征,结合盐岩在凹陷内的空间分布规律,直溪桥凹陷可进一步划分为 4 个次一级构造单元,呈北东向一隆两洼的基本格局,构造比较简单。

中部王甲—东岗低拱,有王甲、前庄两个小高点,盐岩顶板埋深分别为 980 m 和 860 m。

西部紫阳桥—倪巷浅洼，盐岩顶板最大埋深 1 140 m，处于盐岩层向西减薄尖灭带上。

东部陈家庄—上白塘次洼，位于王甲—东岗低拱与东边部断阶带之间，发育有陈家庄，上白塘两个较深的洼陷区。

东边部井庄—观前断阶，位于陈家庄—上白塘次洼与直溪桥断层之间的上翘部位，除鲍塘北东向反向断层外，在北部尚有直溪桥断层派生出的 3 条东西向羽状小断层，形成多个分散的构造小高点。

盆地内断层主要有 4 条(见图 7.1)：

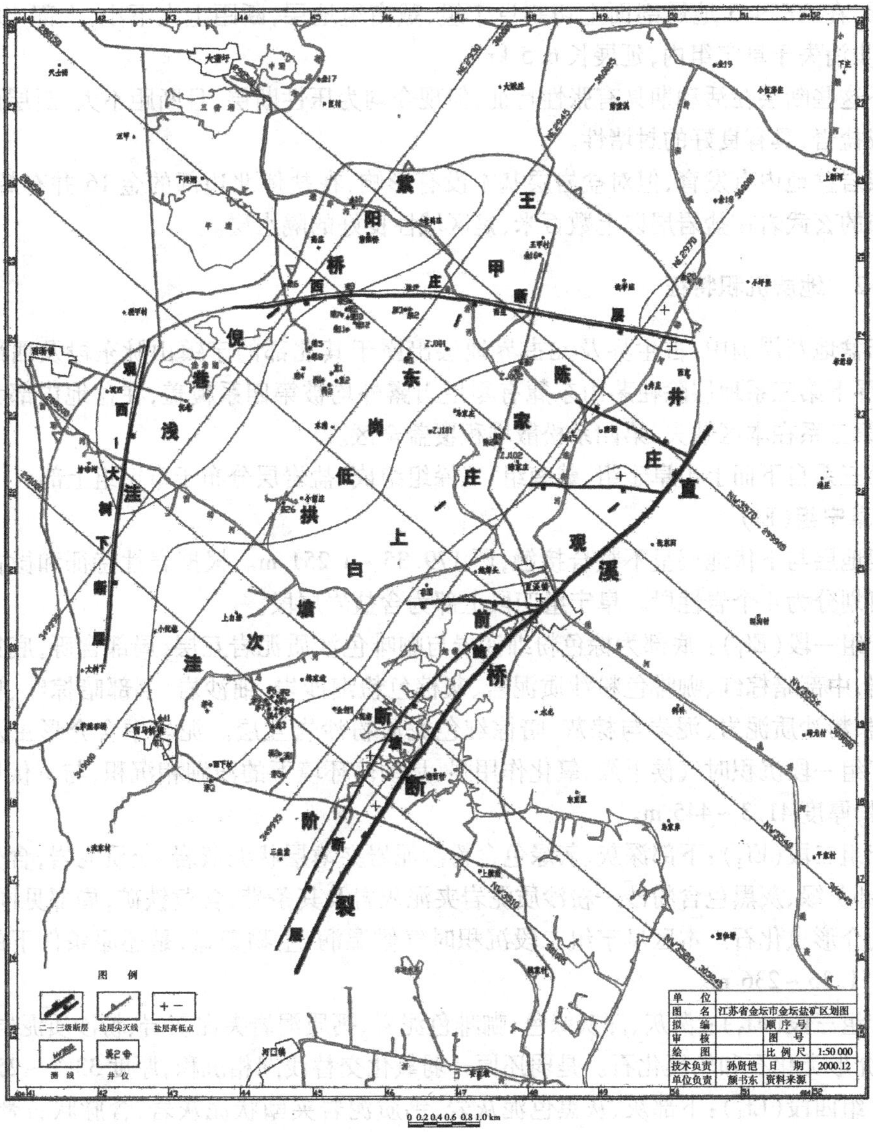

图 7.1　金坛盐矿构造图

直溪桥断层：走向北北东—北东，断面西倾，为一继承性压性断层，在区内延伸 9 km，控制了直溪桥凹陷下第三系阜宁—三垛组的沉积，也是阜宁组晚期盐岩沉积的东部边界，阜宁组断距大于200 m,向北东断距减小。在北部由其派生出的3条近东西羽状小断层收敛于洼陷中,最大断距不超过40 m,对盐岩沉积及分布无大的影响。

鲍塘断层:在直溪桥断层之西,与之组成“Y”形地堑,是直溪桥断层在三垛运动中形成的反向断层,断面东倾,走向北北东—北东,最大断距80 m,在区内延伸6 km。

观西—大树下断层:位于凹陷西部斜坡,走向近南北,断面东倾,向北延伸出凹陷,向南收敛于大树下,在区内延伸长4 km,最大断距60 m,对盐岩沉积不起控制作用。

西庄断层:位于凹陷北部荣3井—金20井南一线,走向近东西,断面南倾,荣1、荣3井钻遇该断层,在NE2945地震剖面上切割阜宁组、戴南组地层,断距上大下小,上部40 m,下部20 m,逐步消失于阜宁组内,延展长6.5 km。

上述这些断层在活动期具有张性特征,但现今均为压性断层,且断距不大,断层两侧均为泥质岩或盐岩,具有良好的封堵性。

火成岩盆地内有发育,但对盐岩层基本没有影响,在盐体北边部的金16井有辉绿岩,大面积分布的玄武岩在盐岩层以上数百米,是区域性良好的隔水层。

7.1.2 地层沉积特征

金坛盆地及周围中、古生界及元古界地层出露于其北部的宁镇山脉东段及西部茅山地区,新生界下第三系地层除在茅山东麓有零星出露外均被第四系覆盖,在盆地内部为钻井所揭露,上第三系在本区缺失,第四系松散堆积覆盖全区。

下第三系自下而上由阜宁组、戴南组、三垛组组成,盐岩层分布于阜宁组上部。

(1)**阜宁组**(Ef)

本组地层与下伏地层呈不整合接触,厚179.35~1 251 m。根据岩性特征和微古生物化石组合可划分为4个岩性段。阜宁组四段上部为含盐岩层段。

阜宁组一段(Ef_1):底部为棕色粉细沙岩与咖啡色沙质泥岩互层,局部含砾,底见棕色含砾粗沙岩,中部暗棕红、咖啡色粉沙质泥岩、灰棕色粉细沙岩、细沙岩,上部暗棕红、咖啡色含粉沙泥岩、粉沙质泥岩、泥岩与棕灰、暗棕红色泥质粉沙岩互层。泥岩中含介形虫及轮藻化石。阜宁组一段沉积时气候干燥,氧化作用强,是动荡环境下的浅湖相沉积,与下伏地层呈不整合接触,厚度41.3~445 m。

阜宁组二段(Ef_2):下部深灰、灰绿色含粉沙泥岩夹薄层状泥灰岩、灰质泥岩,含分散状黄铁矿,上部灰绿、灰黑色含粉沙—粉沙质泥岩夹泥灰岩及其条带,含黄铁矿,局部见同生角砾,含较多的介形虫化石。本区阜宁组二段沉积时气候湿润,生物繁盛,是还原条件下的湖相沉积,厚度51.35~236 m。

阜宁组三段(Ef_3):深灰、深灰绿色、咖啡色泥岩、钙质泥岩夹泥灰岩、粉沙质泥岩、泥质粉沙岩,产介形类化石和轮藻化石。是弱还原—弱氧化交替浅湖相沉积,厚度33.2~255 m。

阜宁组四段(Ef_4):下部灰、灰黑色泥灰岩、钙质泥岩夹鲕状泥灰岩,含脉状石膏、分散状黄铁矿;上部灰白、灰、灰黑色盐岩夹棕褐色含钙芒硝泥岩、盐质泥岩、钙质泥岩,盐岩顶部普遍见泥粒岩;顶部深灰、灰绿色钙质泥岩,含硬石膏和钙芒硝。阜宁组四段沉积早期为还原条件下静、动水交替环境下的浅湖相沉积,晚期湖盆闭塞,湖水变浅,为蒸发岩相,厚度53.5~315 m。

直溪桥凹陷蒸发岩相区呈环带状分布，陈家庄—上白塘沉积中心为氯化物（石盐）相区，由中心向外的斜坡带为硫酸盐，碳酸盐相区，不仅有石盐沉积，还有石膏、钙芒硝、白云石等盐类矿物，再往外到边缘或靠近东部断阶的狭长地带为碎屑岩相区。

(2) **戴南组**（Ed）

戴南组一段（Ed_1）：灰、灰黑色泥岩、粉沙质泥岩夹灰黑色含钙泥岩，浅棕灰色含钙含云泥岩，以后者为主，普遍含星散状和团块石膏、硬石膏，厚度63～340 m。

戴南组二段（Ed_2）：下部深灰色局部浅棕色泥岩夹灰色云质泥岩条带，泥岩中含石膏、硬石膏，上部暗灰色含钙粉沙质泥岩、绿灰色含钙泥岩、浅灰绿色泥岩，厚度75～319 m。

戴南组沉积早期为湖滨三角洲—湖滨相和浅湖相沉积，晚期是氧化、还原交替的浅湖相。本组地层中产介形类和孢粉化石。与下伏地层的接触关系在周边为假整合接触，盆地中间为整合接触。

(3) **三垛组**（Es）

三垛组一段（Es_1）：下部灰绿色泥岩、含钙泥岩夹灰黑色玄武岩，底见棕灰色细沙岩，泥质细沙岩，上部灰黑色玄武岩与棕红、灰绿色含钙、含粉沙泥岩不等厚互层，顶部玄武岩之上常见浅棕、灰绿色凝灰岩，厚度0～496 m。

三垛组二段（Es_2）：下部咖啡色泥岩，含粉沙泥岩，含少量硬石膏，中部棕红色粉沙岩，含钙含粉沙泥岩，上部浅棕红色沙岩与含沙泥岩互层。厚度58～257 m。含介形类和轮藻化石。

三垛组沉积早期是静、动水交替，氧化、还原作用交替环境下的浅湖相沉积，晚期是浅湖—湖滨三角洲相沉积。与下伏地层呈假整合接触。

7.1.3　盐岩层特征

(1) **盐岩层分布**

1) 盐岩层平面分布

本区盐岩层发育于直溪桥凹陷阜宁组沉积末期，属湖盆萎缩阶段水体浓缩的局限盐湖沉积。据地震资料解释成果及实际的钻井资料，金坛盐矿盐岩层的分布在平面和纵向上都比较稳定，呈北东向展布，盐岩体长轴12 km，短轴5.6 km，含盐面积60.5 km^2，厚度67.85～230.95 m。盐岩层最厚的区域位于东北部陈家庄—上白塘一带，达180～230 m。平面上大体呈环状向四周减薄，向西部和北部趋于尖灭；东侧受直溪桥断层控制，为东部边界；西南部尚无资料，根据直溪桥凹陷沉积规律推测向西南也渐趋减薄尖灭。盐岩层平缓，略有起伏，总体向北西倾斜，倾角小于10°，边部倾角稍大，也在20°以内。

2) 盐岩层的纵向分布

金坛盆地整个含盐层系自下而上构成一个完整的沉积旋回，水介质由淡化—浓缩—再淡化，剖面结构较简单。自下而上由两个横向分布稳定的棕红色及灰—灰黑色夹棕红色泥岩标志层将盐岩层分隔为Ⅰ、Ⅱ、Ⅲ 3个主要矿层。

第一对比标志层（ZY_1）位于下部第Ⅰ、Ⅱ盐层之间，岩性为棕红色泥岩，厚度0.6～4.91 m，茅兴、荣炳、陈家庄地区的平均厚度分为2.10 m、4.09 m、3.96 m，质坚硬，很少见裂隙，为主要对比标志层。

第二对比标志层（ZY_2）位于上部第Ⅱ、Ⅲ盐层之间，岩性一般为灰—灰黑夹棕红色泥岩，厚度0.28～4.8 m,茅兴、荣炳、陈家庄地区的平均厚度为1.9 m、3.11 m和2.75 m。裂隙不发育,为次生盐充填,为盐层对比特征标志之一(见表7.1)。

表7.1　金坛盐矿层间夹层数据统计表

盐　矿	井　数	盐层厚度	层间夹层/m		小计	占盐层厚度/%	平均单层厚度/m
		合计/m	ZY_1	ZY_2	/m		
茅兴	16	153.18	2.10	1.90	4.00	2.61	2.0
荣炳	13	108.18	4.09	3.11	7.20	6.66	3.6
陈家庄	7	189.14	3.96	2.75	6.71	3.55	3.36
平均	36	143.92	3.02	2.5	5.52	3.84	2.76

该盆地自下而上3个主要盐岩层分布状况如下:

①第Ⅰ盐岩层　　钻井揭露该盐矿层顶面埋深910.65～1 216.86 m。北部的荣炳—陈家庄地区最深,为1 040.89～1 175.03 m,最深处是陈家庄的ZJ102井达1 216.86m;南部的林家边—茅兴—上白塘一带较浅,为910.65～1 022.30 m,最浅的是茅5井为910.65 m。

本矿层南厚北薄,主要发育在南部茅兴矿区一带,一般厚度55～69 m;平均58.4 m;北部荣炳地区已近尖灭带,厚度仅为3.67～23.32 m,平均为10.51 m,已钻13口井中,就有10口井缺失。东北部的陈家庄地区也仅为7.05～15.44 m,平均12.71 m(见表7.2)。

表7.2　金坛盐矿盐层厚度数据表

盐矿	井数	Ⅲ层/m		Ⅱ层/m		Ⅰ层/m		合计/m		备　注
		范围	平均	范围	平均	范围	平均	范围	平均	
茅兴	16	9.86～34.94	27.87	33.22～94.14	66.90	32.95～69.34	58.40	76.03～190.34	153.18	
荣炳	13	7.93～78.56	49.04	37.17～76.05	56.71	0～23.32	10.51	51.3～142.03	108.18	Ⅰ层仅在3口井中分布
陈家庄	7	68.34～145.17	107.94	53.49～81.08	72.12	0～15.44	12.71	137.27～225.52	189.14	Ⅰ层仅在5口井中分布
平均	36	7.93～145.17	51.08	33.22～94.14	64.23	0～69.34	42.91	51.3～225.52	143.92	

②第Ⅱ盐岩层　　钻井揭露此矿层顶面埋深838.37～1 143.34 m,北部的荣炳—陈家庄地区为最深,达997.2～1 143.34 m,一般为1 000 m左右,南部林家边—茅兴—上白塘一带较浅,为837.37～924.96 m,一般900 m左右。

第Ⅱ盐岩层在全区分布,厚度最为稳定,一般均在50～80 m。茅兴地区33.22～94.14 m,平均66.90 m,其中茅4井最厚达94.14 m。荣炳地区37.17～76.05 m,平均56.71 m。陈家庄地区53.49～81.08 m,平均达72.12 m,该层是沉积过程中最为稳定的盐岩层。

③第Ⅲ盐岩层　　钻井揭露该矿层顶面埋深809.38～1 045.57 m,其中荣炳矿区最深达

927.5 ~ 1 045.57 m；茅兴矿区最浅，一般为809.38 ~ 894.39 m；陈家庄矿区在944.32 ~ 999.52 m；上白塘地区最深可达1 060 m。

该盐岩矿层在全区分布，厚度为7.93 ~ 145.17 m，平均51.08 m，与第Ⅰ盐岩层相反，是北厚南薄。以陈家庄地区为最厚，平均达107.94 m，陈1井最厚达145.17 m。盐岩层以陈家庄深洼为中心向四周减薄，至南部林家边地区（茅兴矿已钻井井区）厚度已减薄为30 m左右，西北部荣炳矿区则介于两者之间，一般为30 ~ 70 m，平均可达50 m左右。

（2）盐岩层中夹层分布状况

1）层间夹层分布及含盐状况

在盐岩层分布中，前面已论述了Ⅰ、Ⅱ和Ⅱ、Ⅲ矿层之间具两个明显的泥岩标志层，即全区分布的夹层，岩性以泥岩为主。Ⅰ、Ⅱ矿层之间的夹层（ZY_1夹层）厚度0.6 ~ 4.91 m，平均3.02 m。茅兴地区为含裂隙次生含盐泥岩，NaCl含量最低为2.29%，最高55.30%，一般7.45% ~ 13.89%。陈家庄地区、荣炳地区厚度平均为4.09 ~ 3.96 m，一般为含盐泥岩，NaCl含量为4.71% ~ 9.90%。

Ⅱ、Ⅲ矿层之间的夹层（ZY_2夹层），厚度一般为0.28 ~ 4.84 m，平均2.5 m。茅兴地区为0.28 ~ 3.30 m，主要为含盐泥岩，有裂隙次生盐，NaCl含量为8.44% ~ 13.95%。陈家庄—荣炳地区厚度为0.70 ~ 4.8 m，岩性为泥岩、含盐泥岩，裂隙发育，多被次生盐充填，NaCl含量为2.00% ~ 16.35%。

这两个夹层在特殊处理的两条地震剖面上分布稳定，横向变化清晰。在NE 2945地震测线电阻率参数剖面上南段金11—苏26井呈连续层状分布，北段荣1、颜2井呈不连续间隔分布；在NW 3510线电阻率参数剖面上，茅1井以西为夹层连续分布区，上部夹层分布范围大于下部夹层，茅1井井区及其以东夹层不发育；在自然伽玛剖面上也有相同的表现，不同的是上部夹层在上白塘洼地内厚度最大，向西变薄，反映了夹层岩性由以泥质岩为主，向西变为盐质泥岩或钙芒硝含量增加的特征。

从主要夹层等厚图分析，近物源区、近淡水水流途径的西部倪巷浅洼主要夹层（ZY_2 + ZY_1）总厚度最大，可达7 ~ 8 m，东岗—苏26井的低拱上只有4 ~ 5 m，向东在马家庄—西下仗一带厚度增加为5 ~ 7 m，靠近直溪桥断裂附近的井庄—观前厚度较薄，仅有1 ~ 2 m。

由岩性资料统计，上述夹层主要为盐质泥岩、泥岩和含钙芒硝泥岩，局部见小裂隙并被次生盐充填。由于夹层单层厚度一般在1 ~ 3 m，局部最大未见超过5 m者，因此在水溶开采中，这些夹层均难以成为分隔矿层的独立隔层，最终将成为水不溶物沉淀于腔体底部。

2）层内夹层分布及含盐状况

金坛盐矿中，在各盐岩层内均存在一些局部分布的夹层，岩性一般为含钙芒硝泥岩、泥岩、盐质泥岩等。

①第Ⅰ盐岩层内夹层　第Ⅰ盐岩层主要分布在南部茅兴地区，夹层一般为2 ~ 8层，平均4.6层，厚度3.4 ~ 7.5 m，平均5.14 m，单层最大厚度2.95 m。北部陈家庄地区盐层仅厚7 ~ 15 m，夹层一般2 ~ 4层，厚度1.43 ~ 4.87 m，平均单层厚0.71 ~ 1.4 m。夹层含盐量一般为4.6% ~ 22.8%。

②第Ⅱ盐岩层内夹层　第Ⅱ盐岩层全区稳定分布，其中夹层分布也较均匀，除北部荣炳地区夹层分布变化较大，层数1 ~ 9层，平均3.8层，厚度1.08 ~ 15.2 m，平均5.79 m；其他

地区一般 2 ~ 6 层,厚度 1.0 ~ 8.93 m,平均 3.79 m,单层厚度平均 0.74 ~ 1.69 m,最大单层厚度为 4.6 m。含盐量最小 2.19%,最大 19.99%。

③第Ⅲ盐岩层内夹层　该盐岩层内夹层平均 3.7 层,厚度平均 4.42 m。北部的陈家庄—荣炳地区因其盐层较厚,夹层也较多,一般都在 2 ~ 7 层,厚度 2.22 ~ 10.48 m,平均单层厚度 0.97 ~ 1.70 m。南部林家边—茅兴地区盐层较薄,其中夹层也较少,一般为 1 ~ 2 层,总厚度 0.6 ~ 1.5 m,平均单层厚度 0.5 ~ 1.3 m。含盐量最大 37.53%,最小 3.29%,一般 20% 左右。由于单层厚度小,一般均可溶滴形成残渣(见表 7.3)。

表 7.3　金坛盐矿夹层数据统计表

盐矿	井数	盐层厚度合计/m	层间夹层/m	层内夹层				夹层厚度合计 m/层数	平均单层厚度/m	占盐层厚度/%
				Ⅰ层 m/层数	Ⅱ层 m/层数	Ⅲ层 m/层数	小计 m/层数			
茅兴	16	153.18	4.00	5.14/4.6	2.64/2.6	1.79/1.4	8.8/7.9	12.8/9.9	1.29	8.36
荣炳	13	108.18	7.20	无	5.79/3.85	6.16/3.69	11.49/7.54	18.69/9.54	1.96	17.28
陈家庄	7	189.14	6.71	3.5/3.8	6.1/5.3	4.8/4.4	13.89/11.4	20.59/13.3	1.55	10.89
平均	36	143.92	5.52	4.8/4.3	4.01/3.7	4.42/3.7	10.76/8.6	16.44/10.3	1.6	11.50

由上可知,各层层内夹层均不厚,单层一般 1 ~ 3 m,平均 1.6 m,又多为含盐泥岩或含裂隙盐泥岩等。虽然含有的水不溶物较多,一般可达 80% ~ 90%,但主要是泥质成分,颗粒较小,水溶开采时都可以溶滴,不会影响建腔。

7.2　溶腔建腔及长期营运地层损失

地表沉陷由地层损失引起,地层损失是地表沉陷产生的必要条件。因此,研究溶腔储库营运期的地表变形情况,必须先弄清楚溶腔建设及营运期导致的地层损失。溶腔储库地层损失主要由两部分组成:一部分是建腔过程中腔体空间形成导致周围岩体(盐岩)较大程度的收敛;另一部分是溶腔建成后营运期由于盐岩的蠕变特性而导致的溶腔体积损失。应用 2D-Sink对第一部分地层损失进行分析计算;第二部分底层损失直接引用"金坛盐矿已有溶腔可用性评估研究报告"的计算结果。

7.2.1　建腔过程地层损数值模拟研究

(1)地层条件及力学参数

地质剖面图显示在盐岩层上部和下部均为厚层泥岩,岩层近水平,因此取岩层上部泥岩厚度 400 m,下部泥岩厚度 100 m,其余上覆岩层的质量转化为有效荷载作用于计算模型上表面。泥岩和盐岩层力学参数见表 7.4。

表7.4　计算模型所用的岩石物理和力学参数

参数 \ 层号	1 底板泥岩	2 岩盐	3 顶板泥岩
弹性模量/MPa	2 730	830	2 520
泊松比	0.220	0.450	0.233
初始内聚力/MPa	7.50	4.78	8.47
内摩擦角/(°)	48.3	36.0	44.2
容重/($MN \cdot m^{-3}$)	0.025 3	0.021 5	0.022 4
单轴抗拉强度/MPa	3.90	0.83	3.30
孔隙率/%	2.4	0.3	1.3
水平渗透系数/($\mu m \cdot d^{-1}$)	7.4	6.3	4.7
垂直渗透系数/($\mu m \cdot d^{-1}$)	6.2	4.3	3.5

(2)**模型建立**

分别对两种典型溶腔形状建立模型进行数值模拟计算,研究溶腔形成时导致的地层损失。

声呐测试结果可知溶腔基本是轴对称形状,考虑到岩层近水平,因此可以用平面应变模型来进行模拟研究。根据实际地层情况,选取模型为高640 m,宽600 m的长方形。模型总共由3个地层组成。最底层是100 m厚的泥岩,中间是140 m厚的盐岩层,上部是400 m厚的泥岩层。

模型上边界以上的覆岩质量转化为有效荷载直接加载于上边界;模型左右两边离岩盐开采处很远,开采对其水平位移的影响可以不计,因此,对这两边加上水平方向固定约束;盐岩溶蚀对模型下边界的垂直位移影响可以不计,因此,下边界加上垂直方向固定约束。盐岩溶解过程中,溶腔内有水压,会对溶腔顶板提供一定的支护作用,因此,每一步开挖后在溶腔壁上加上水压。

每个计算模型分3步开挖形成溶腔。根据声呐测井成果选择的两种典型溶腔形状建模分析如下。

①典型溶腔1——东1井　　图7.2是东1井的声呐测试结果,图7.3为其简化的剖面形状。这种腔体底部较平,上部为一倒锥体。

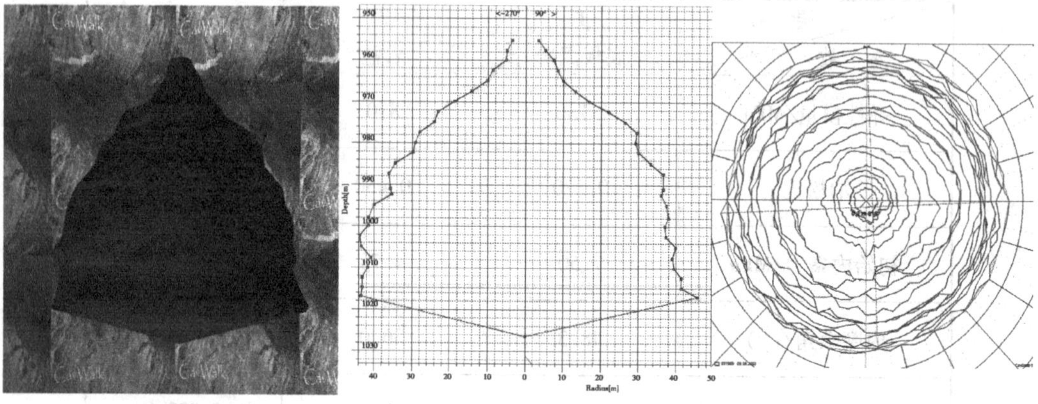

三维图　　垂直剖面　　俯视图

图 7.2　东 1 井的声呐测试结果

图 7.4 是用 2D-Sink 建立的东 1 井数值计算模型图。图 7.5 是溶腔 3 步开挖过程。

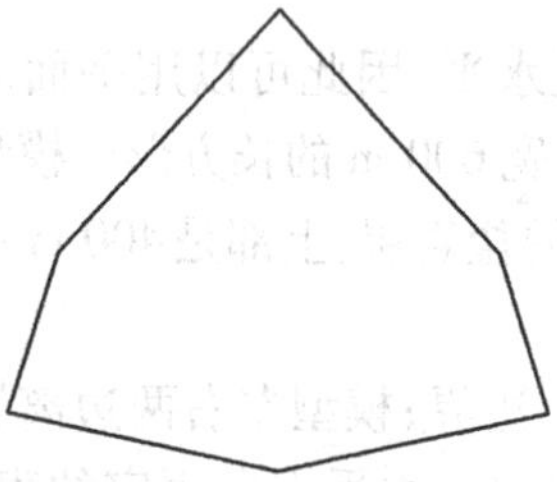

图 7.3　东 1 井的简化剖面图

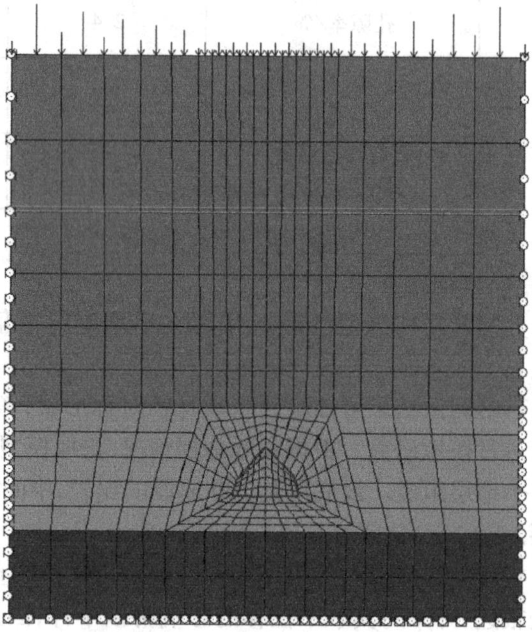

图 7.4　东 1 井计算模型图

②典型溶腔 2——东 2 井　　图 7.6 为东 2 井声呐测井成果，图 7.7 为其简化的剖面形状。这种腔体，上下两部分都是椎体。

图 7.8 是用 2D-Sink 建立的东 2 井数值计算模型图。图 7.9 是溶腔 3 步开挖过程。

(3)模拟结果及分析

①典型溶腔 1——东 1 井　　计算结果可以得到溶腔周边收敛曲线，将上下边缘收敛曲线重合可以得到因溶腔形成而导致的地层损失剖面图，如图7.10至图 7.12 所示。

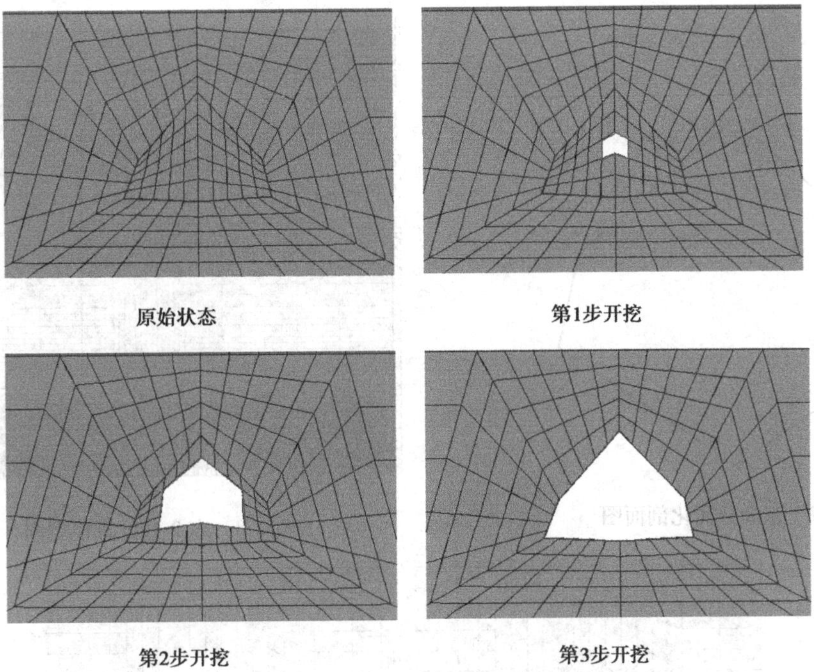

图 7.5　东 1 井 3 步开挖形成过程

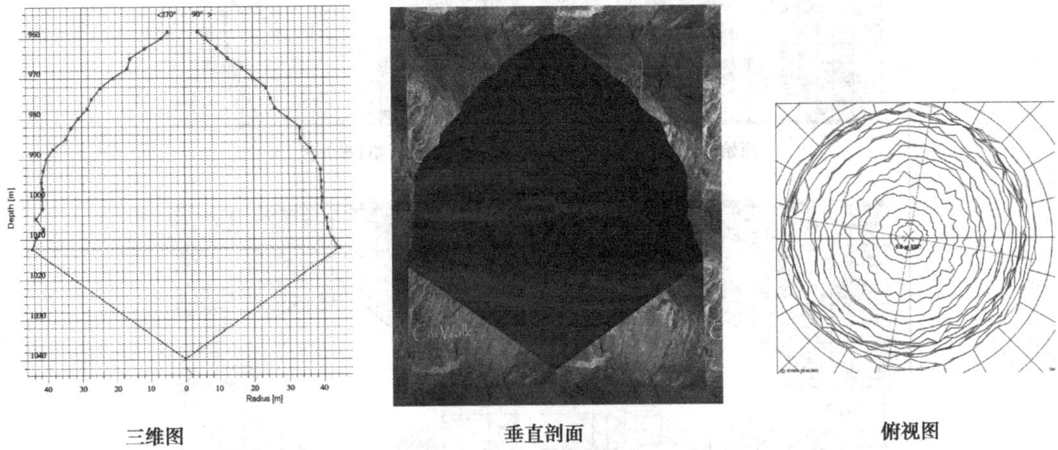

图 7.6　东 2 井声呐测试结果

地层损失空间是一轴对称空间，将剖面图绕对称中心轴旋转一周即可得到。

设地层损失空间边缘缘曲线函数为$f(x)$（见图 7.13），则地层损失空间体积可表示为

$$V = \int_a^b \pi[f(x)]^2 dx \quad (a = 0.135\ \mathrm{m}, b = -0.112\ \mathrm{m}) \tag{7.1}$$

数值积分计算结果为 $V = 576.575\ \mathrm{m}^3$。

该溶腔腔体高度为 53.7 m（966.4 ~ 1 020.1 m），最大半径 41.9 m，顶板盐层厚度

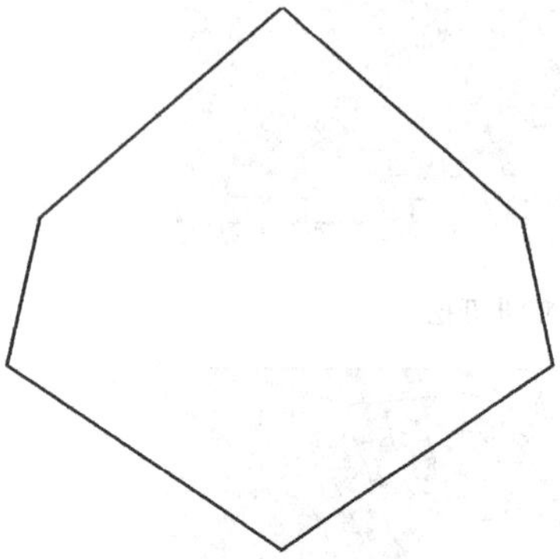

图 7.7　东 2 井简化剖面图

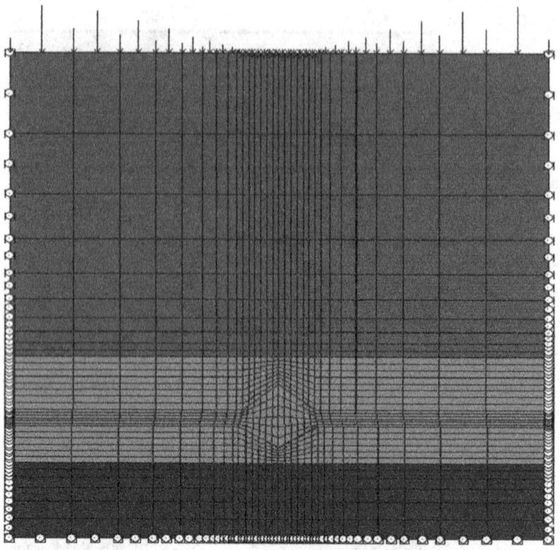

图 7.8　东 2 井计算模型图

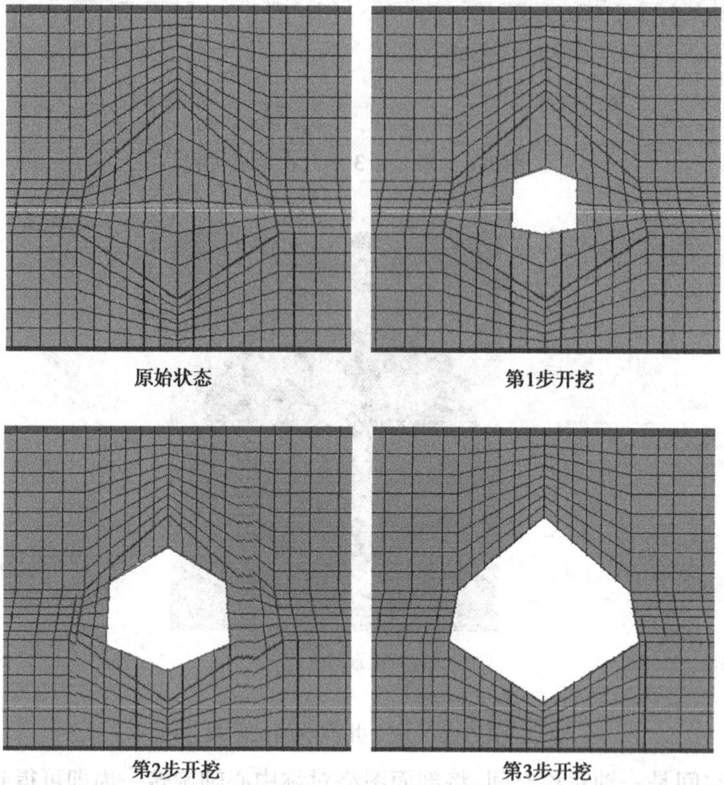

图 7.9　东 2 井 3 步开挖形成过程

15.4 m,测算最大容积为 130 672.14 m^3。地层损失仅占溶腔体积的 0.44%,可见溶腔形成过程造成的地层损失很小。

②典型溶腔 2——东 2 井　　同样计算结果可以得到东 2 井周边收敛曲线,将上下边缘

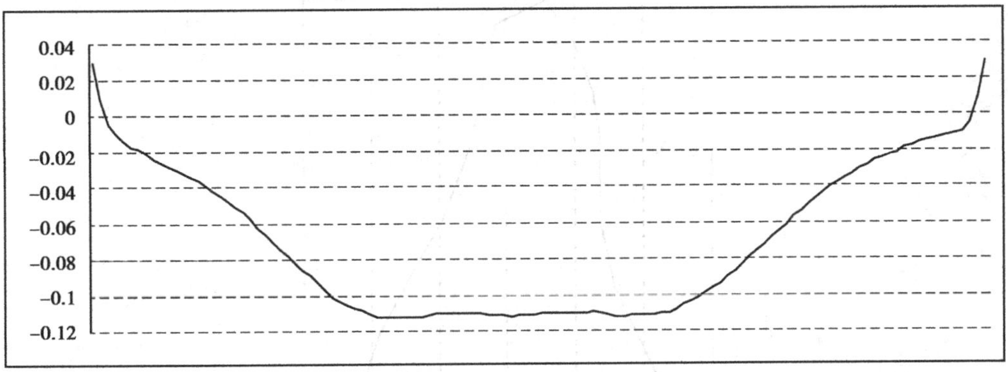

图 7.10　东 1 井上边缘变形曲线

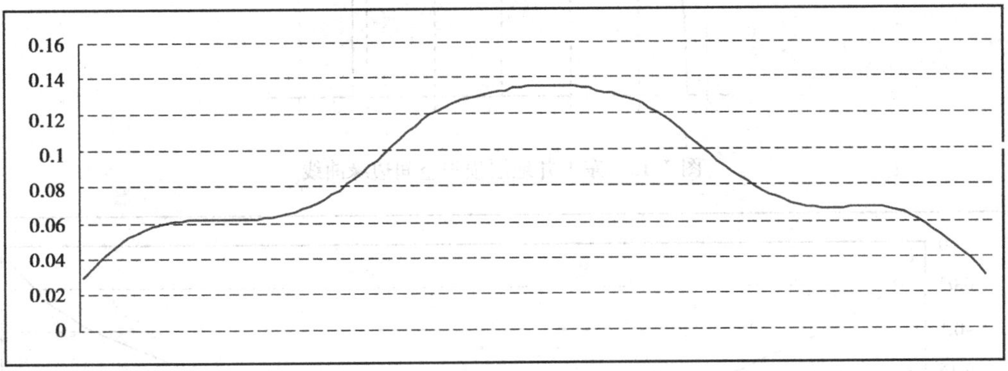

图 7.11　东 1 井下边缘变形曲线

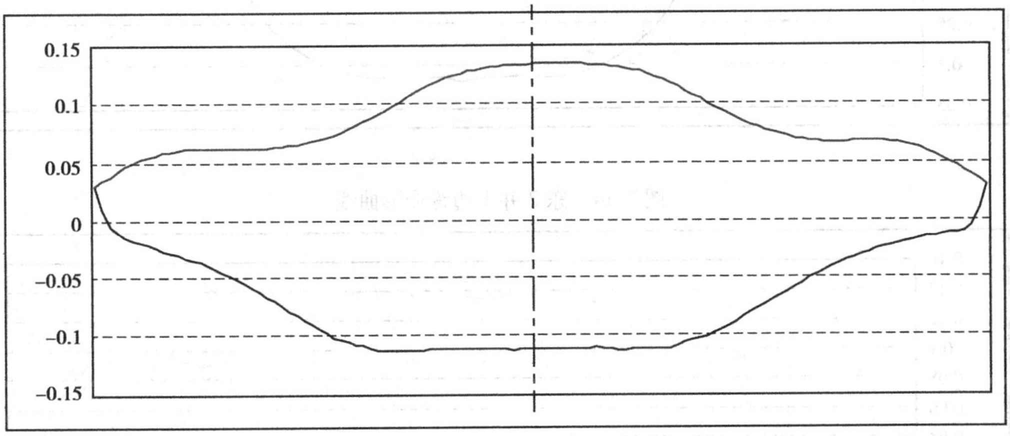

图 7.12　东 1 井成腔过程导致的地层损失剖面图

收敛曲线重合可以得到溶腔成腔过程导致的地层损失剖面图，如图 7.14 至图 7.16 所示。

采用同样的处理方法，设地层损失空间缘曲线函数为 $f(x)$（见图 7.17），则地层损失空间体积可表示为

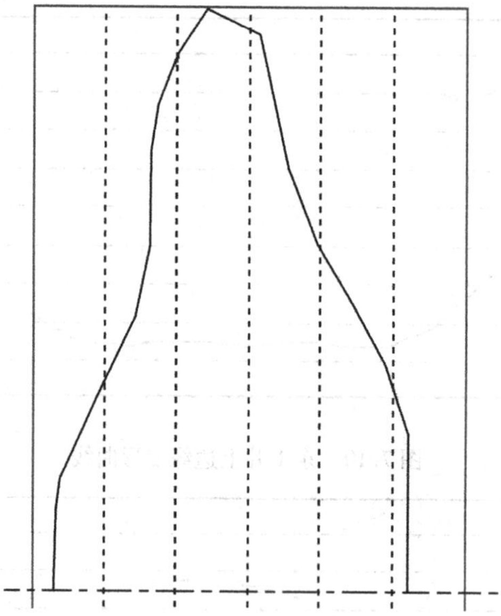

图 7.13　东 1 井地层损失空间边缘曲线

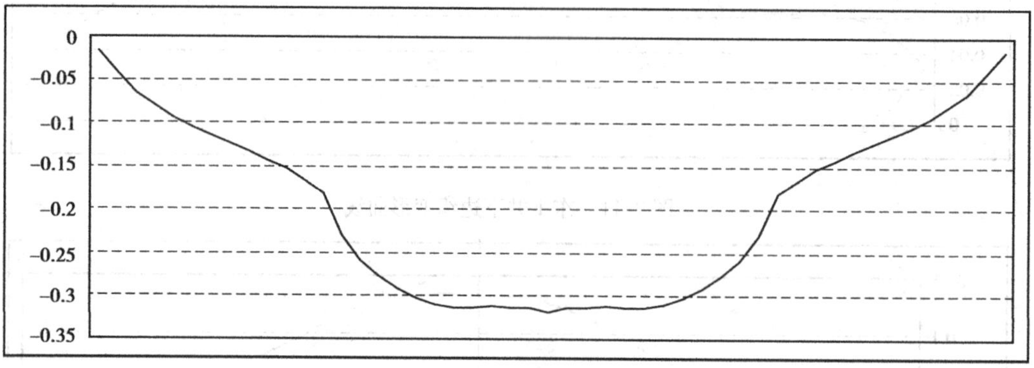

图 7.14　东 2 井上边缘变形曲线

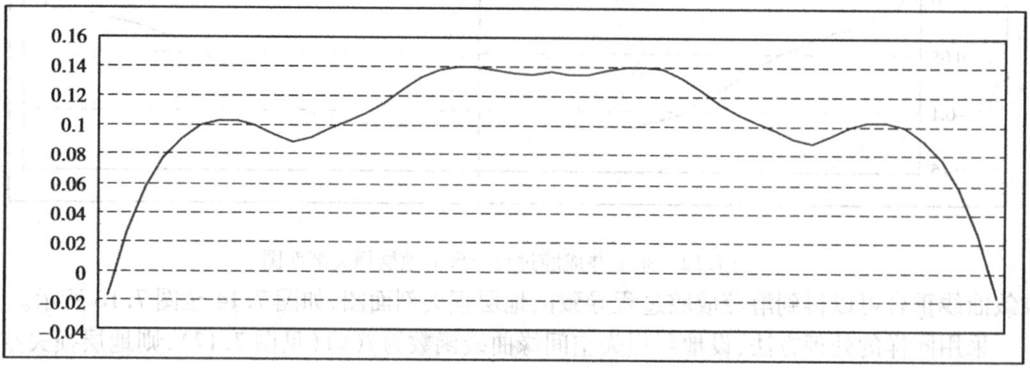

图 7.15　东 2 井溶腔下边缘变形曲线

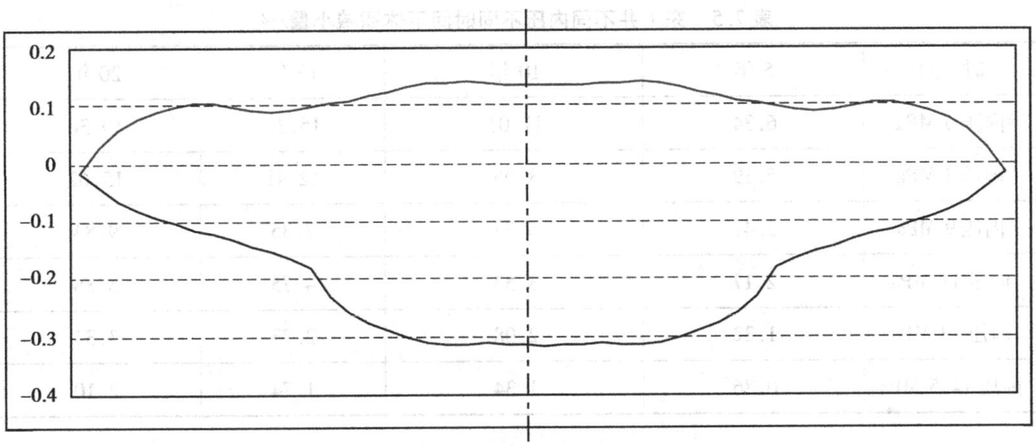

图 7.16　东 2 井成腔过程导致的地层损失剖面图

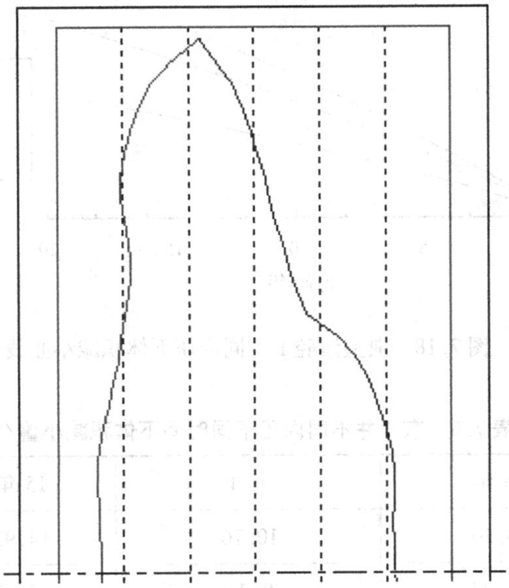

图 7.17　东 2 井地层损失空间边缘曲线

$$V = \int_a^b \pi[f(x)]^2 \mathrm{d}x \qquad (a = 0.14 \text{ m}, b = -0.317 \text{ m}) \tag{7.2}$$

数值积分计算结果为 $V = 1\ 348.681\ \text{m}^3$。

该溶腔高度为 53.9 m(958.4 ~ 1 012.3 m),最大半径 47.1 m,顶板盐层厚度 19.9 m,测算最大容积为 235 625.6 m^3。地层损失近仅占溶腔体积的 0.57%,可见溶腔形成造成的地层损失很小。

7.2.2　溶腔储库营运期的地层损失计算

这部分地层损失主要是由于盐岩蠕变特性造成,直接采用了“金坛盐矿已有溶腔可用性评估研究报告”的计算结果。该研究报告应用 FLAC-3D 对溶腔营运期的变形进行了数值计算,结果如下:

表 7.5 东 1 井不同内压不同时间下体积减小量/%

时 间	5 年	10 年	15 年	20 年
内压 6 MPa	6.34	11.03	15.32	19.30
内压 7 MPa	5.19	8.95	12.41	15.62
内压 9 MPa	3.41	5.73	7.85	9.84
内压 11 MPa	2.17	3.53	4.75	5.88
内压 13 MPa	1.32	2.08	2.73	3.34
内压 14.5 MPa	0.86	1.34	1.74	2.10

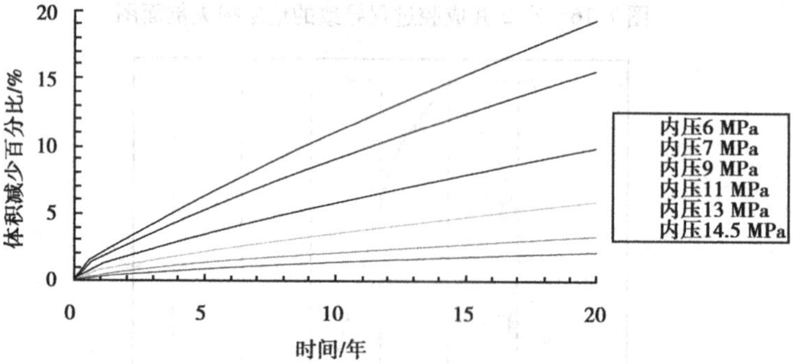

图 7.18 典型溶腔 1 不同内压下体积减小曲线

表 7.6 东 2 井不同内压不同时间下体积减小量/%

时 间	5 年	10 年	15 年	20 年
内压 6 MPa	6.20	10.76	14.92	18.78
内压 7 MPa	5.07	8.74	12.08	15.19
内压 9 MPa	3.37	5.64	7.70	9.63
内压 11 MPa	2.17	3.52	4.72	5.84
内压 13 MPa	1.34	2.10	2.76	3.37
内压 14.5 MPa	0.88	1.37	1.77	2.14

从上面的结果可以看到，两种腔体在运营期间随着时间的增加，地层损失增大，远远大于腔体形成时的地层损失。因此，溶腔稳定运营期的地表沉降主要是由腔体收缩变形引起。

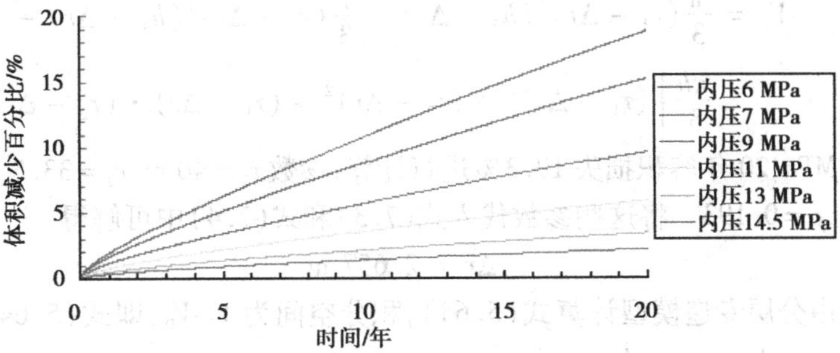

图7.19　东2井不同内压下体积减小曲线

7.3　溶腔储气库运营期地层损失导致地表沉陷预测

溶腔储库运营期的地层损失由两部分组成，一部分为溶腔形成时的内空收敛，另一部分为溶腔营运过程中盐岩蠕变特性导致的内控收敛。下面基于地层损失大小对地表沉陷进行预测。

7.3.1　典型溶腔1——东1井

设溶腔容积在一定时间内由 V_0 收敛为 V_1，容积损失率为 ρ，则

$$\rho = V_1/V_0$$

设溶腔边界总收敛值为 Δr。

溶腔容积可以看成是两个圆锥和1个圆台的体积（见图7.20），则

$$V_0 = \frac{\pi}{3}r_2^2h_2 + \frac{\pi}{3}r_1^2h_1 + \frac{\pi h}{3}(r_1^2 + r_2^2 + r_1 \cdot r_2) = 130\ 672.14 \tag{7.3}$$

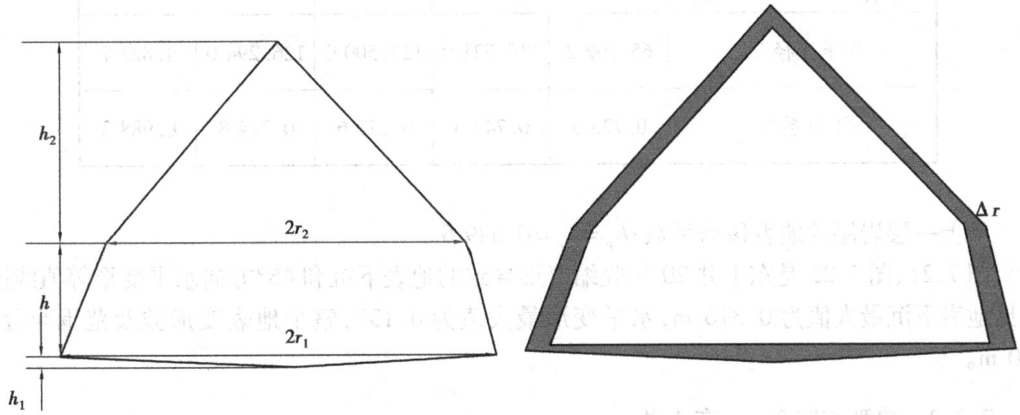

图7.20　东1井溶腔剖面图及收缩变形图

$$V_1 = \frac{\pi}{3}(r_2 - \Delta r)^2(h_2 - \Delta r) + \frac{\pi}{3}(r_1 - \Delta r)^2(h_1 - \Delta r) + \frac{\pi h}{3}\left[(r_1 - \Delta r)^2 + (r_2 - \Delta r)^2 + (r_1 - \Delta r)\cdot(r_2 - \Delta r)\right] \quad (7.4)$$

用内压6 MPa,20年容积损失19.3%进行计算,参数 $r_1 = 40$ m,$r_2 = 33.5$ m,$h = 20$ m,$h_1 = 2$ m,$h_2 = 36$ m,$\rho = 0.193$。将这些参数代入式(7.3)和式(7.4)中可解得

$$\Delta r = 2.657 \text{ m}$$

地表下沉由分层专递模型计算式(5.64),积分空间为 V_1-V_0,即式(5.64)中 i、j、k 为整数,满足于点$\left(\left(i+\frac{1}{2}\right)a,\left(j+\frac{1}{2}\right)a,\left(k+\frac{1}{2}\right)k\right)$在空间 V_1-V_0 内,如图7.20中充填部分。

上覆岩层参数如表7.7所示。

表7.7 计算模型所用的岩石物理力学参数

参数＼层号	1	2	3	4	5
弹性模量/MPa	2 520	3 510	3 815	3 125	20
容重/(MN·m^{-3})	0.022 4	0.026 7	0.027 3	0.027 0	0.018 0
单轴抗拉强度/MPa	0.5	4.03	5.80	4.80	0.02
厚度 z_i/m	400	170	140	190	40

将表7.7的岩层参数输入计算软件,可得到每层岩层预测参数(见表7.8)。

表7.8 各岩层的预测参数

参数＼岩层	1	2	3	4	5
影响半径/m	65.162 2	116.721 0	127.500 0	126.294 0	4.822 7
下沉系数	0.723 3	0.740 6	0.722 6	0.744 8	0.988 3

最上一层岩层的地表移动系数:$b_x = b_y = 0.349\ 6$。

图7.21、图7.22是东1井20年收缩变形导致的地表下沉和45°方向水平变形等值线图。可见地表下沉最大值为0.316 m,水平变形最大值为0.137,整个地表变形波及范围半径为350 m。

7.3.2 典型溶腔2——东2井

设溶腔容积在一定时间内由 V_0 收敛为 V_1,容积损失率为 ρ,则

$$\rho = V_1 / V_0$$

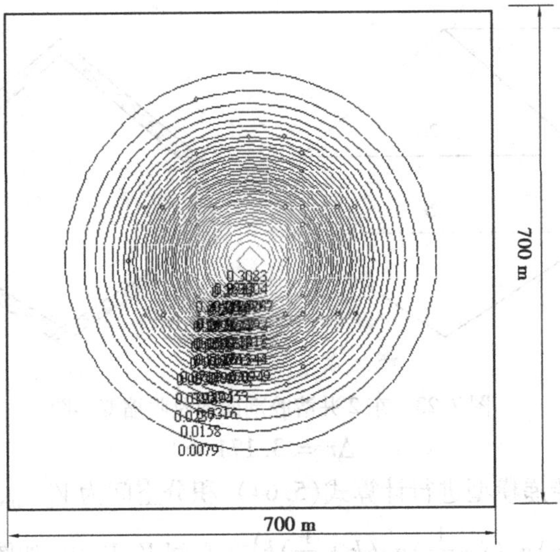

图7.21 东1井20年收缩导致的地表下沉等值线图

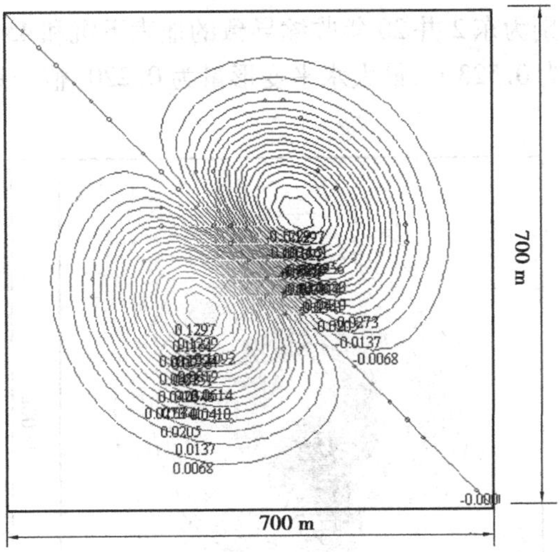

图7.22 东1井20年收缩导致的地表45°方向水平变形等值线图

设溶腔边界总收敛值为Δr。

溶腔容积可以看成是两个圆锥和1个圆台的体积(见图7.23),那么

$$V_0 = \frac{\pi}{3}r_2^2h_2 + \frac{\pi}{3}r_1^2h_1 + \frac{\pi h}{3}(r_1^2 + r_2^2 + r_1 \cdot r_2) = 235\ 625.6\ \mathrm{m}^3 \tag{7.5}$$

$$V_1 = \frac{\pi}{3}(r_2 - \Delta r)^2(h_2 - \Delta r) + \frac{\pi}{3}(r_1 - \Delta r)^2(h_1 - \Delta r) + \frac{\pi h}{3}[(r_1 - \Delta r)^2 + (r_2 - \Delta r)^2 + (r_1 - \Delta r) \cdot (r_2 - \Delta r)] \tag{7.6}$$

用内压6 MPa,20年容积损失18.78%进行计算,$r_1 = 40$ m,$r_2 = 33.5$ m,$h = 20$ m,$h_1 = 2$ m,$h_2 = 36$ m,$\rho = 0.188$。代入式(7.5)、式(7.6)可解得

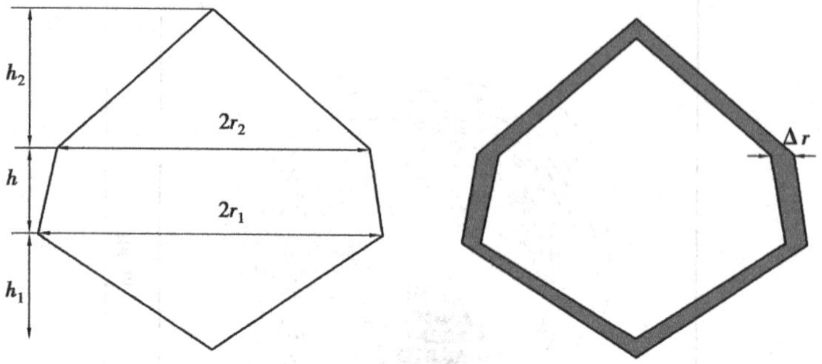

图 7.23　东 2 井溶腔剖面图及收缩变形图

$$\Delta r = 3.171\ \mathrm{m}$$

地表下沉用分层传递模型进行计算式(5.64),积分空间为 V_1-V_0,即式(5.64)中 i、j、k 为整数,满足于点$\left((i+\frac{1}{2})a,(j+\frac{1}{2})a,(k+\frac{1}{2})k\right)$在空间 V_1-V_0 内,如图 7.23 中充填部分。

上覆岩层参数参见表 7.7。模型预测结果如下:

图 7.24、图 7.25 分别为东 2 井 20 年收缩导致的地表下沉和 45°方向水平变形等值线图,其中最大地表下沉量值为 0.523 m,最大水平变形量为 0.220,整个地表变形波及范围半径为 360 m。

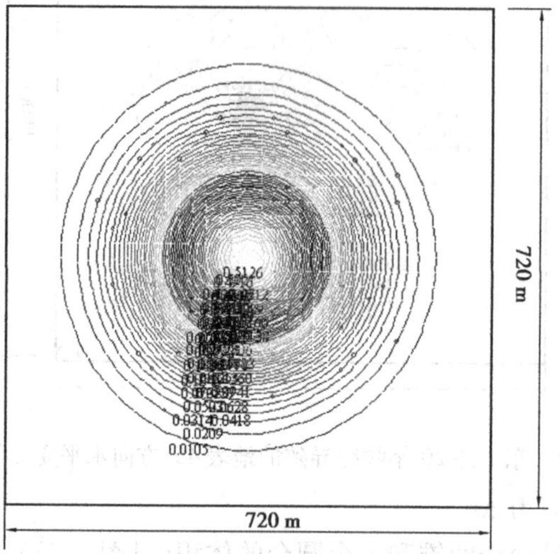

图 7.24　东 2 井 20 年收缩导致的地表下沉等值线图

由于东 2 井的容积较东 1 井大,因此其 20 年收缩导致的地表变形量也大于东 1 井。

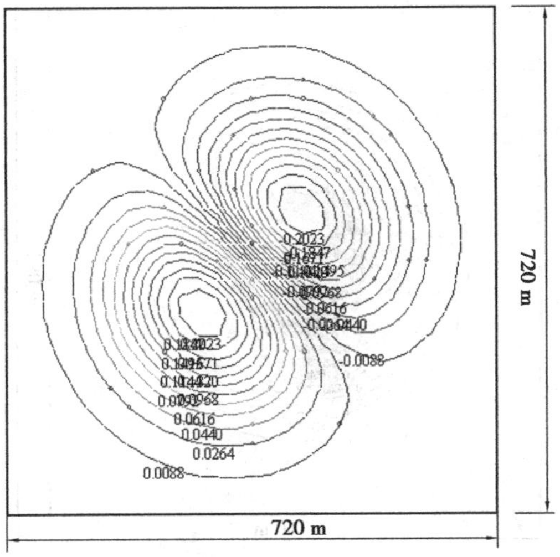

图 7.25　东 2 井 20 年收缩导致的地表 45°方向水平变形等值线图

7.4　单溶腔储库破坏失稳导致地表沉陷预测

溶腔容积较大，如果失稳可能会导致严重的地表沉陷，本节对这种情况下单溶腔失稳可能导致的地表沉陷进行预测。

7.4.1　典型溶腔 1——东 1 井

应用分层传递三维模型进行计算，地表下沉计算式为式(5.64)，积分空间为 V(见图 7.26)，即式(5.64)中 i、j、k 为整数，满足于点 $\left((i+\frac{1}{2})a,(j+\frac{1}{2})a,(k+\frac{1}{2})k\right)$ 在空间 V 内。

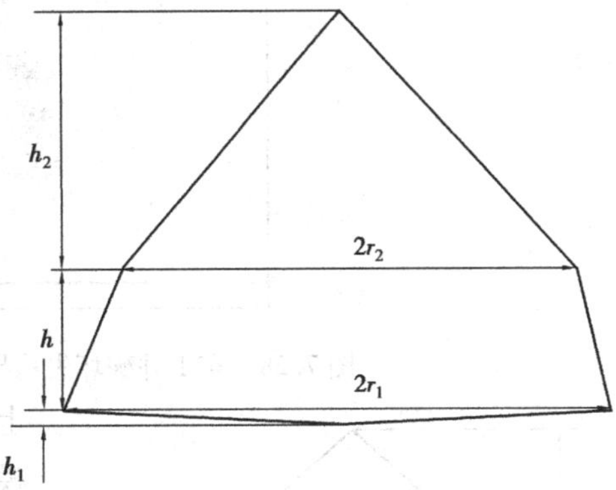

图 7.26　东 1 井剖面图

上覆岩层参数参见表 7.7。模型预测结果如下：

图 7.27、图 7.28 分别为东 1 井破坏失稳导致的地表下沉和 45°方向水平变形等值线图，其中最大地表下沉量值为 1.738 m，最大水平变形量为 0.712，整个地表变形波及范围半径为 380 m。

7.4.2　典型溶腔 2——东 2 井

应用分层传递三维模型进行计算，地表下沉计算式为式(5.64)，积分空间为 V(见图 7.29)，即式(5.64)中 i、j、k 为整数，满足于点 $\left((i+\frac{1}{2})a,(j+\frac{1}{2})a,(k+\frac{1}{2})k\right)$ 在空间 V 内。

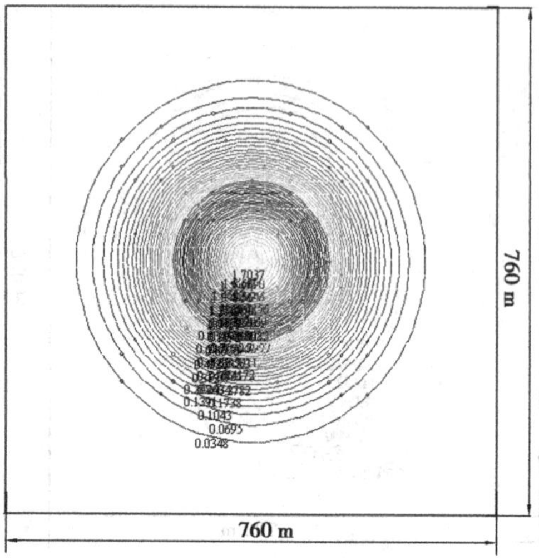

图 7.27　东 1 井破坏失稳导致的地表下沉等值线图

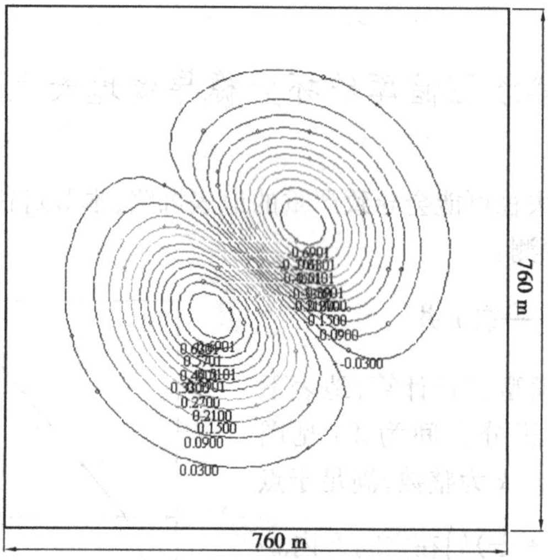

图 7.28　东 1 井破坏失稳导致地表 45°方向水平变形等值线图

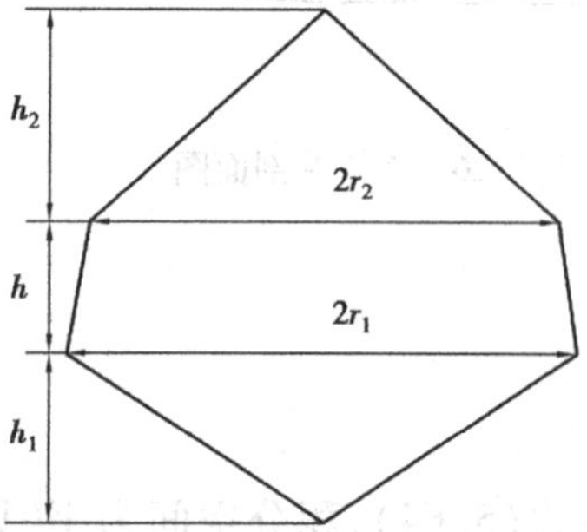

图 7.29　东 2 井腔剖面图

上覆岩层参数如表 7.7 所示。

模型预测结果如下：图 7.30、图 7.31 分别为东 2 井破坏失稳导致的地表下沉和水平变形等值线图，其中最大地表下沉量值为3.041 m，最大水平变形量为 1.295，整个地表变形波及范围半径为 400 m。

由于东 2 井的容积较东 1 井大，因此其破坏失稳导致的地表变形量也大于东 1 井。

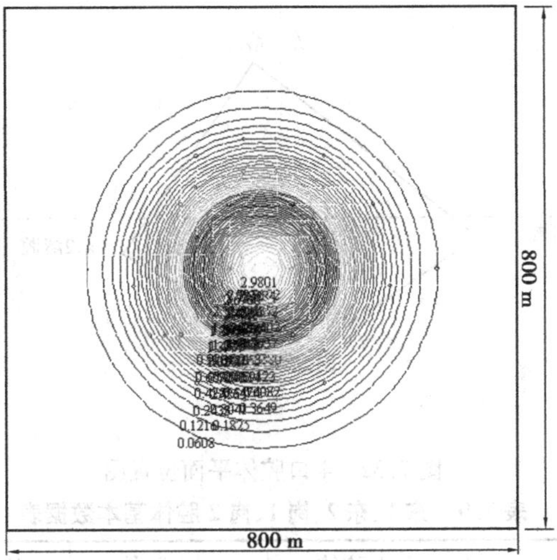

图7.30　东2井破坏失稳导致的地表下沉等值线图

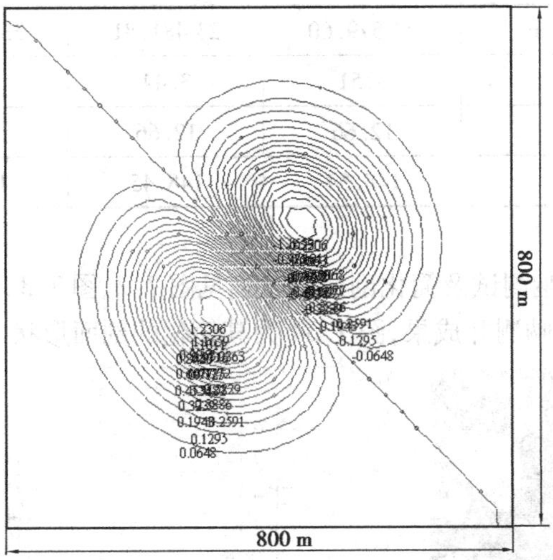

图7.31　东2井破坏失稳导致的地表水平变形等值线图

7.5　多溶腔油气储库地表沉陷预测

矿区内分布多个溶腔,大家互相影响,下面分别对多溶腔20年收缩和破坏失稳导致的地表沉陷进行预测。4口井分别是东1、东2、岗1和岗2井,其平面位置图如图7.32所示。以点(4 044 + 5 239,35 + 23 506)为中心坐标点,则4井的坐标分别为:岗1:(- 92.73, - 15.91);岗2:(- 4.99, - 72.95);东2:(93.49, - 24.19);东1:(24.03,73.6)。4口井的基本数据见表7.9。

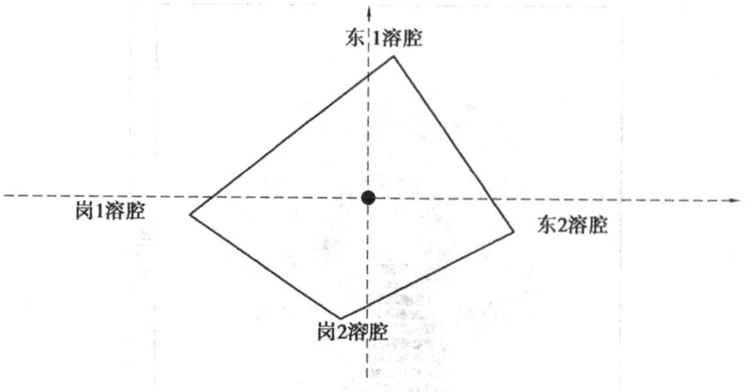

图7.32　4口腔体平面位置图

表7.9　东1、东2、岗1、岗2腔体基本数据表

井　号		东1腔体	东2腔体	岗1腔体	岗2腔体
坐标	X 轴：(4 044 + X)/m	5 263.30	5 332.49	5 146.27	5 234.01
	Y 轴：(35 + Y)/m	23 579.60	23 481.81	23 490.09	23 433.05
海　　拔/m		3.51	3.44	3.90	4.16
腔体容积/ $\times 10^4 m^3$		12.66	12.66	9.75	9.75
盐层厚度/m		148.54	148.45	132.04	134.65

东1、东2的腔体声呐测试及简化剖面图分别见图7.2、图7.3、图7.6和图7.7。图7.33为岗1井声呐测井成果，图7.34为其简化的剖面形状。

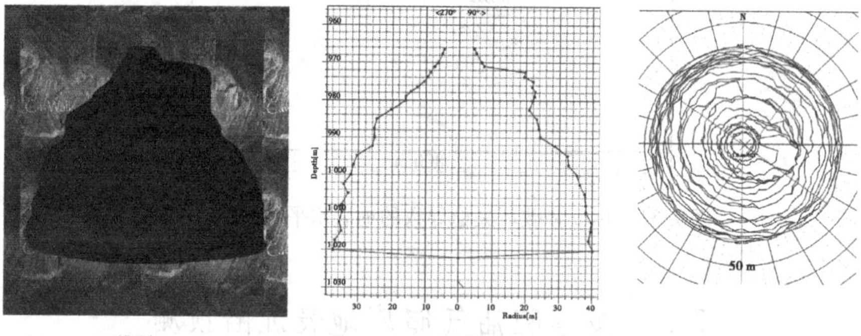

三维图　　垂直剖面　　俯视图

图7.33　岗1腔体声呐测试结果

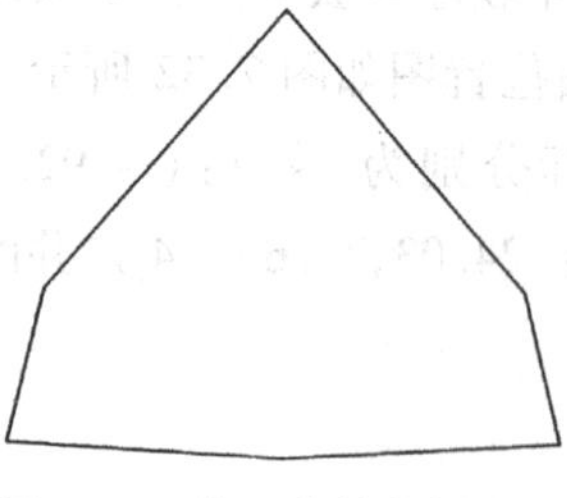

图7.34　岗1井简化剖面图

图7.35为岗2井声呐测井成果，图7.36为其简化的剖面形状。

7.5.1　4溶腔20年收缩变形导致的地表沉陷预测

应用多溶腔地表沉陷预测模型式(5.65)—式(5.69)进行计算，上覆岩层参数参见表7.7。将溶腔参数及上覆岩层参数输入计算软件，计算结果如下。

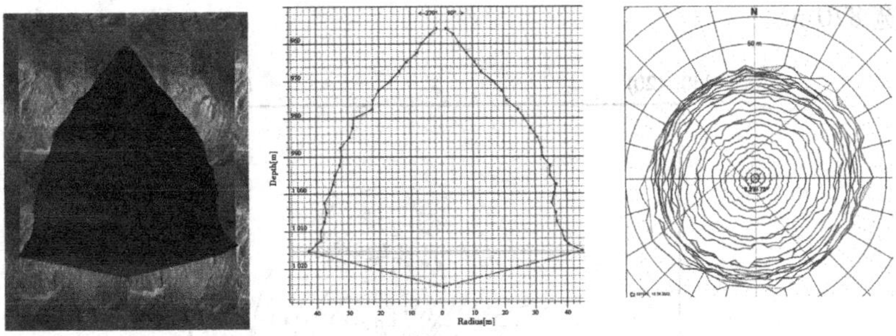

三维图　　　　垂直剖面　　　　俯视图

图 7.35　岗 2 井声呐测试结果

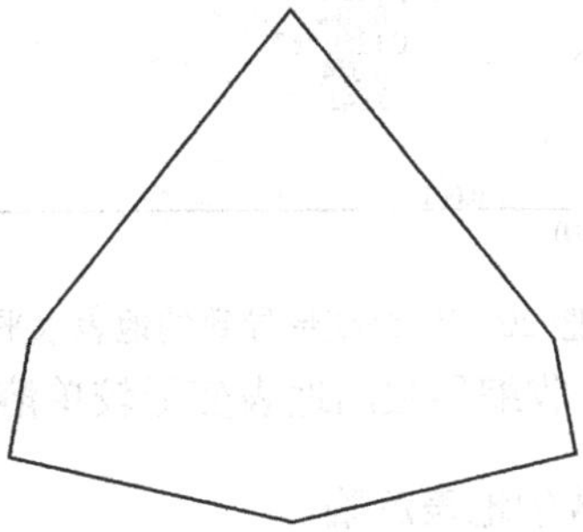

图 7.36　岗 2 井简化剖面图

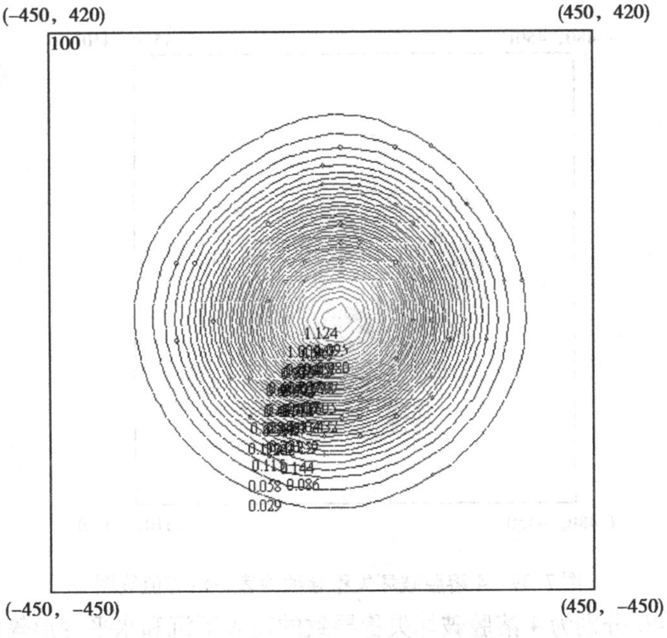

图 7.37　4 溶腔 20 年收缩变形导致的地表下沉等值线图

图 7.37、图 7.38 分别为 4 溶腔 20 年收缩变形导致的地表下沉和水平变形等值线图，其中最大地表下沉量值为 1.153 m，最大水平变形量为 0.417，整个地表变形波及范围为东西长

900 m,南北宽 870 m。

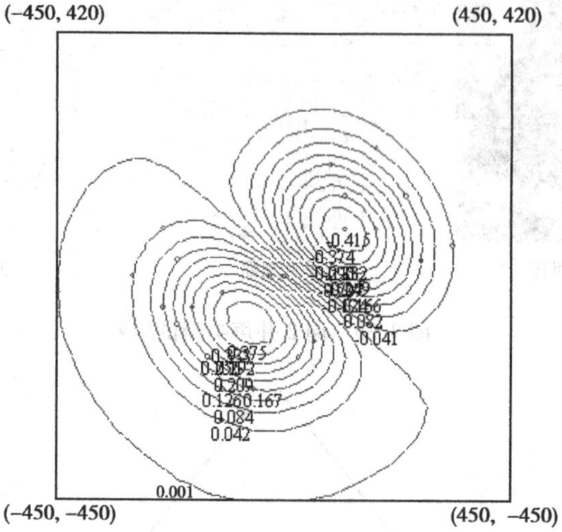

图 7.38　4 溶腔 20 年收缩变形导致的地表水平变形等值线图

多溶腔相互影响下,其 20 年收缩导致的地表变形较单溶腔大很多。

7.5.2　4 溶腔破坏失稳导致的地表沉陷

应用多溶腔地表沉陷预测模型式(5.65)—式(5.69)进行计算,上覆岩层参数参见表 7.7。将溶腔参数及上覆岩层参数输入计算软件,计算结果如下。

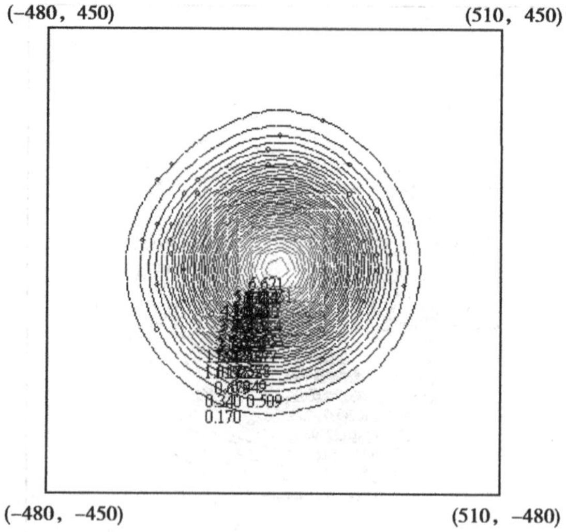

图 7.39　4 溶腔破坏失稳导致地表下沉等值线图

图 7.39、图 7.40 分别为 4 溶腔破坏失稳导致的地表下沉和水平变形等值线图,其中最大地表下沉量值为 6.791 m,最大水平变形量为 2.473,整个地表变形波及范围为东西长 990 m,南北宽 930 m。

多溶腔相互影响下,其破坏失稳导致的地表变形较单溶腔大很多。

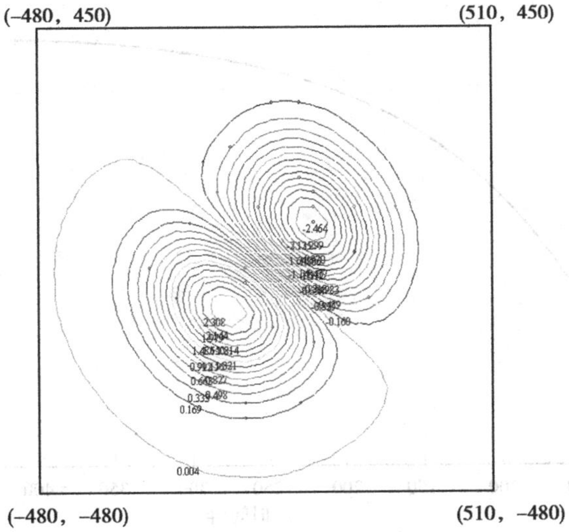

图 7.40　4 溶腔破坏失稳导致地表水平变形等值线图

7.6　溶腔储库地表沉陷动态预测

应用动态预测模型 $W(t)=W_0(1-e^{-ct})$ 对溶腔油气储库地表沉陷进行动态预测。从预测模型可知，动态预测的关键是时间影响因素 c 的确定。前几节的计算得到了地表 20 年的下沉量 $W(20)$，和地表最终下沉量 W_0，因此可解得相应的 c 值。

7.6.1　单井——东 1 井地表动态预测

东 1 井地表最终下沉最大值为 1.738 m，20 年地表下沉最大值为 0.316 m，代入动态预测公式可解得时间影响因素：c = 0.010 0。

东 1 井地表动态变形计算公式为

$$W(t) = W_0(x,y)(1-e^{-0.01t}) \tag{7.7}$$

更换地表不同点的下沉值 $W_0(x,y)$，可以得到该点 (x,y) 的动态预测曲线。

图 7.41 为东 1 井地表最大下沉点(0,0)的动态变形曲线图。

7.6.2　单井——东 2 井地表动态预测

东 2 井地表最终下沉最大值为 3.041 m，20 年地表下沉最大值为 0.523 m，代入动态预测公式可解得时间影响因素：c = 0.009 3。

东 2 井地表动态变形计算公式为：

$$W(t) = W_0(x,y)(1-e^{-0.0093t}) \tag{7.8}$$

更换地表不同点的下沉值 $W_0(x,y)$，可以得到该点 (x,y) 的动态预测曲线。

图 7.42 为东 2 井地表最大下沉点(0,0)的动态变形曲线图。

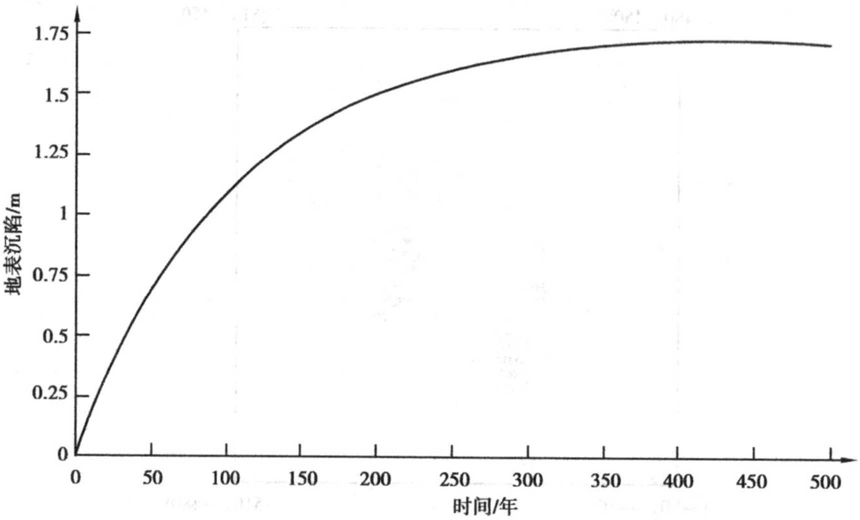

图 7.41　东 1 井地表下沉最大值点的动态变化曲线

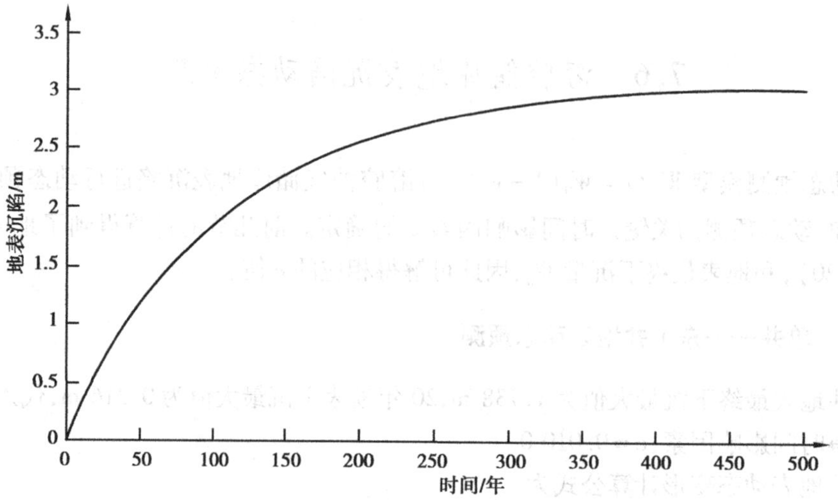

图 7.42　东 2 井地表下沉最大值点的动态变化曲线

7.6.3　多溶腔油气储库共同作用的地表动态预测

东 1、东 2、岗 1、岗 2 井共同作用下地表最终下沉最大值为 6.791 m，20 年地表下沉最大值为 1.153 m，代入动态预测公式可解得时间影响因素：$c = 0.009\ 4$。

东 1、东 2、岗 1、岗 2 井共同作用下地表动态变形计算公式为

$$W(t) = W_0(x,y)(1 - e^{-0.009\ 4t}) \tag{7.9}$$

更换地表不同点的下沉值 $W_0(x,y)$，可以得到该点 (x,y) 的动态预测曲线。

图 7.43 为东 1、东 2、岗 1、岗 2 井共同作用下地表最大下沉点(0,0)的动态变形曲线图。

上面的计算结果可见单井作用下和多井共同作用下的时间影响因素 c 基本一致，表明预测模型是准确的。

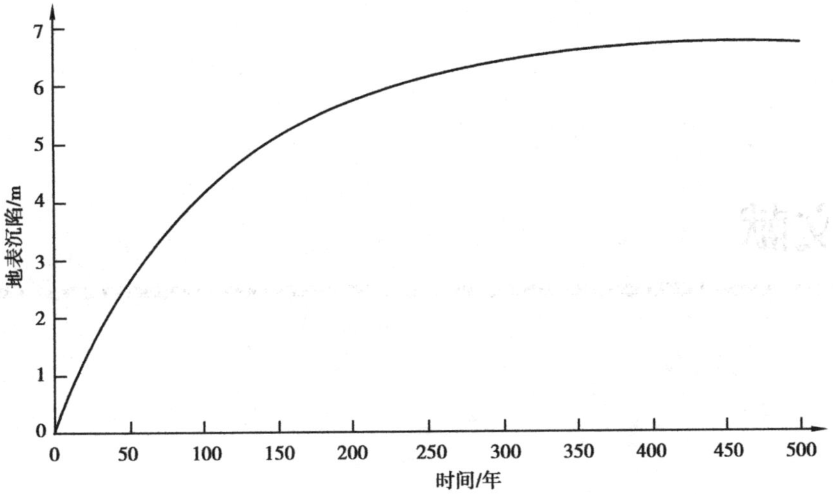

图7.43　东1、东2、岗1、岗2井共同作用地表下沉最大值点的动态变化曲线

至此，得到了整个片区的地表动态变形情况。

参考文献

[1] 何国清,杨伦,凌赓娣,等.矿山开采沉降学[M].徐州:中国矿业大学出版社,1991.
[2] 高大钊.岩土工程的回顾与前瞻[M].北京:人民交通出版社,2001.
[3] 于广明,杨伦,苏仲杰.地层沉陷非线性原理、监测与控制[M].长春:吉林大学出版社,2000,102-110.
[4] 姜德义.岩盐溶腔稳定性及失稳控制研究[D].重庆大学,2001.
[5] 林元雄,宋良曦,钟长永,等.中国井盐科技史[M].成都:四川科学技术出版社,1987.
[6] R. M. Yager. Simulation of land subsidence in glacial aquifer system above a salt mine collapse in New York, In: Sixth International Symposium on Land Subsidence, September 24-29, 2000, Ravenna, Italy.
[7] J. Li&D. C. Helm. A nonlinear viscous model for aquifer compression associated with ASR applications, In: Sixth International Symposium on Land Subsidence, September 24-29, 2000, Ravenna, Italy.
[8] Ph. Cosenza, M. Ghoreychi. Effects of very low permeability on the long-term evolution of a storsge cavern in rock salt, International Journal of Roak Mechanics and Mining Sciences, 2 January 1999.
[9] K. Staudtmeister, R. B. Rokahr. Rock Mechanical Design of Storage Caverns for Natural Gas In Roak Salt Mass, Int. J. Rock Mech. & Min. Sci. 34:3- 4 Paper No. 300. 1997.
[10] Istvan J. A, Evans L. J. Rock Mechanics for Gas Storage in Bedded Salt Caverns, Int. J. Rock Mech. &Min. Sci. 34:3-4, paper No. 142.
[11] 郭龙华.隔蒲盐田地下水污染源探讨[J].中国井矿盐,1994(4):15-17.
[12] 李永山.论云应地区岩盐开采后岩层与地表移动的规律[J].矿山测量,1998(1):20-24.
[13] 于广明.分形及损伤力学在矿山开采沉陷中的应用研究[J].岩石力学与工程学报,1999,18(2):241-243.
[14] 于广明,谢和平.分形及损伤力学在开采沉陷中的应用研究[J].矿业世界,1998,53(2).
[15] 于广明,杨伦,等.非线性科学在矿山开采沉陷中的应用(1)[J].阜新矿业学院学报,

1997,16(4):385-388.
[16] 于广明,杨伦,等.非线性科学在矿山开采沉陷中的应用(续)[J].阜新矿业学院学报,1997,16(5):525-529.
[17] 何满湖,王旭春.开采沉陷工程岩体本构关系研究[J].工程地质学报,1997,5(4):312-316.
[18] 于广明,谢和平,等.矿山开采沉陷的非线性机制和规律研究[J].中国科学基金.1999(1):28-30.
[19] 邓喀中,马伟明.开采沉陷中的岩体节理效应[J].岩石力学与工程学报,1996,15(4):345-352.
[20] Kawamoto T. et al. Deformation and Fracturing Behavior of Discontinuous Rock Mass and Damage Mechanics Theory. Int. J. Num. And Analy. Meth. Geo. 1988, 12:1-30.
[21] 施群德,赵剑锋,苏仲杰.矿山开采沉陷中的裂隙分形分布问题研究进展与展望[J].工程地质学报,2000,8(3):341-344.
[22] H Xie. Fractals in Rock Mechanics[M]. A. A. Belkema Publisher,Rotterdam,1993.
[23] Mandelbrot B. B. The Fractal Geometry of Nature [M]. W. H. Freeman and Company,1983,25-50.
[24] Takayuki Hiram. Fractal Dimension of Fault Systems in Japan: Fractal Structure in Rock Fractal Fracture Geometry at Various Scales [M]. PAGEOPH,1989,V. B1. No. 2:157-170.
[25] 钱鸣高,缪斜兴.岩层控制中的关键层理论研究[J].煤炭学报,1996,21(3):225-230.
[26] 许家林,钱鸣高.岩层控制关键层理论的应用研究与实践[J].中国矿业,2001,10(6):54-56.
[27] 刘文生,范学理.覆岩离层产生机理及离层充填控制地表沉陷技术的工程实施[J].煤矿开采,2002,7(3):53-55.
[28] 徐乃中,张玉卓.岩离层注浆减缓地表沉陷的动态力学模型[J].西安科技学院学报,2000,20(增):35-38.
[29] 赵德深,范学理,刘文生.采煤区覆岩与地表沉陷控制技术研究及展望[J].中国安全科学学报,1998,8(3):51-54.
[30] 黄乐亭.开采沉陷力学的研究与发展[J].煤炭科学技术,2003,31(2):54-56.
[31] 李永树,王金庄,陈勇.开采沉陷地区地表水平移动机理[J].煤,1996,5(1):27-29.
[32] 崔希明,杨硕.开采沉陷的流变模型探讨[J].中国矿业,1996,5(24):52-55.
[33] 靖洪文,许国安.地下工程破裂岩体位移规律数值分析[J].岩石力学与工程学报,2003,22(8):1281-1286.
[34] Shi G H, Goodman R E. Discontinuous Deformation analysis[A]. In, Proc. 25th U. S. Symp. Rock Mech. [C]. [s. l.]:[s. n.],1984,269-277.
[35] 何满潮,王旭春.开采沉陷工程岩体本构关系研究[J].工程地质学报,1997,5(4):312-317.
[36] 李云鹏,王芝银.开采沉陷三维损伤有限元分析[J].岩土力学,2003,24(2):183-187.
[37] 吴侃,靳建明,戴仔强,等.开采沉陷在土体中传递的实验研究[J].煤炭学报,2002,27

(6):601-603.

[38] 戴仔强,顾丽霞,吴侃,等. 开采沉陷在土体中传递的计算机模拟[J]. 矿山测量,2003(1):41-43.

[39] 王悦汉,邓喀中,吴侃,等. 采动岩体动态力学模型[J]. 岩石力学与工程学报,2003,22(3):352-357.

[40] 郭广礼,张国良,张贻广. 灰色系统模型在沉陷预测中的应用[J]. 中国矿业大学学报,1997,26(4):62-65.

[41] 柴华彬,邹友峰,段振伟. 开采沉陷相似现象群的分类方法[J]. 焦作工学院学报(自然科学版),2003,22(2):84-87.

[42] B. H. G. Brady, E. T. Brawd. Rock Mechanic for Underground mining. Geprge Allen & Unwin., London, 1985.

[43] 苏美德,赵忠明,李德海,等. 灰色系统理论模型在矿山开采沉陷中的应用[J]. 西部探矿工程,2003(4):82-83.

[44] 麻凤海,杨帆. 采矿地表沉陷的神经网络预测[J]. 中国地质灾害与防治学报,2001,12(3):84-87.

[45] 麻凤海,王泳嘉,范学理. 利用神经网络预测开采引起地表沉陷[J]. 阜新矿业学院学报(自然科学版),1995,14(3):46-49.

[46] 王坚,岳广余. 自适应 GM(1,1)模型进行地表沉降预报[J]. 北京测绘,2003(1):40-42.

[47] 张东明,尹光志,代高飞. 地表下沉的分形特征及其预测[J]. 成都理工大学学报(自然科学版),2003,30(1):92-95.

[48] 董春胜,刘浜葭,杨全明. 改进的 BP 神经网络预测地表沉陷[J]. 辽宁工程技术大学学报(自然科学版),2001,20(5):722-723.

[49] 高明中,余忠林. 煤矿开采沉陷预测的数值模拟[J]. 安徽理工大学学报(自然科学版),2003,23(1):11-17.

[50] 唐又弛,曹再学,朱建军. 有限元法在开采沉陷中的应用[J]. 辽宁工程技术大学学报,2003,22(2):176-178.

[51] 袁灯平,马金荣,董正筑. 利用 ANSYS 进行开采沉陷模拟分析[J]. 济南大学学报(自然科学版),2001,15(4):336-338.

[52] 余学义. 采动区地表剩余变形对高等级公路影响预计分析[J]. 西安公路交通大学学报,2001,21(4):9-12.

[53] 余学义,施文刚. 地表剩余沉陷的预计方法[J]. 西安矿业学院学报,1996,16(1):1-4.

[54] 吴侃,靳建明. 时序分析在开采沉陷动态参数预计中的应用[J]. 中国矿业大学学报,2000,29(4):413-415.

[55] 邹友峰. 地表下沉系数计算方法研究[J]. 岩土工程学报,1997,19(3):109-112.

[56] 吴侃,靳建明,戴仔强. 概率积分法预计下沉量的改进[J]. 辽宁工程技术大学学报,2003,22(1):19-22.

[57] 郭广礼,汪云甲. 概率积分法参数的稳健估计模型及其应用研究[J]. 测绘学报,2000,29(2):162-165.

[58] 刘天泉. 我国"三下"采煤技术的现状及发展趋势[J]. 煤炭科学技术,1984(10):24-28.
[59] 郭广礼,王悦汉,马占国. 煤矿开采沉陷有效控制的新途径[J]. 中国矿业大学学报,2004,32(2):151-153.
[60] 刘天泉,范维唐. 采用综合减沉是实施矿区可持续发展战略的重要举措[J]. 煤炭企业管理,1998(8).
[61] 徐永忻,王悦汉. 短壁开采技术[M]. 徐州:中国矿业学院出版社,1987:1.
[62] 王建学. 开采沉陷塑性损伤结构理论与冒矸空隙注浆充填技术的研究[D]. 煤炭科学研究总院,2001.
[63] 张恩庆,刘天泉. 荣坊村庄下多工作面全柱式采煤[J]. 煤炭科学技术,1989(4):10-14.
[64] 赵德深,范学理,洪加明. 离层注浆技术的应用与效果[J]. 东北煤炭技术,1995(5):9-12.
[65] 隋惠权,王忠林. 覆岩离层注浆控制地表沉降技术的理论与实践[J]. 岩土工程学报,2001,23(4):510-512.
[66] 徐乃忠,张玉卓. 覆岩离层注浆减缓地表沉陷的动态力学模型[J]. 西安科技学院学报,2000,20(增):35-38.
[67] 刘文生. 覆岩离层注浆充填保护地面高压线路试验研究[J]. 煤炭学报,2001,26(3):236-239.
[68] 姜德义,蒋再文,刘新荣,等. 覆岩离层注浆控制沉降技术及计算模型[J]. 2000,23(3):54-56.
[69] Ph. Cosenza, M. Ghoreychi. Effects of very low permeability on the long-term evolution of a storage cavern in rock salt. International Journal of Rock Mechanics and Mining Sciences 36 (199):527- 533.
[70] K. Staudtmeister; R. B. Rokahr. Rock Mechanical Design of Storage Caverns For Natural Gas in Rock Salt Mass. Int. J. Rock Mech. & Min . Sci, Vol. 34, No. 3- 4, 1997.
[71] Staudtmeister K. , Struck D. Design criteria for prevention of creep rupture for gas caverns in rock mass. Conf . of the Solution Mining Research Institute , Paris, France. 1990.
[72] Staudtmeister, U. Schmidt. Geomechanical investigation on the underground disposal of hazardous waste in rock salt caverns, Computer Methods and Advances in Geomechanics, Beer, Booker & Cater(eds) 1991 Balkema, Rotterdam.
[73] T. W. Pfeifle, N. S. Brodsky, D. E. Munson. Experimental Determination of the Relationship Between Permeability and Microfracture-Induced Damage in Bedded Salt, Int. J. of rock Mech .& Min. Sci, Vol. 35 Nos. 4-5,1998.
[74] Stormont, J. C. Discontinuous Behavior Near Excavations in a Bedded Salt Formation, International Journal of Mining and Geologic Engineering,1990,SAND89-2403J, 8(1):35-56.
[75] B. Lemieux, B. Davidson, M. B. Dusseault. Mechanical Behavior of Waste Blends for Salt Cavern Disposal,Int. J. of Rock Mech. & Min. Sci,Vol .35 No. 4-5,1998.
[76] Dusseault. M. Davidson. B, and Santamarina. J. C. Potential for Salt Solution Cavern Placement of Engineered Radioactive Wastes. Proceedings of International Conference on Deep Ge-

ological Disposal of Radioactive Waste, Winnipeg, Canada:6-31-6-39.
[77] Davidson. B, Dusseult. M., and Lemieux. B. An Examination of the Research, Development, Design, and Implementation Issues Related to Solution Cavern Disposal of Toxic Industrial Wastes. Solution Mining Research Institute proceedings, 1997, Fall 1997:197-198.
[78] J. C. Stormont. Conduct And Interpretation of Gas Permeability Measurements in Rock Salt. Int. J. Rock Mech. & Min. Sci, Vo1. 34, No. 3-4, 1997.
[79] Borns D. J, Stormont J. C. The Delineation of the Disturbed Rock Zone Surrounding Excavations in Salt, proceeding of the 30th US Symposium on Rock Mechanics, West Virginia University, 1989:353-360.
[80] N. S. OTTOSEN, Viscoelastic-Viscoplastic Formulas for Analysis of Cavities in Rock Salt. Int. J. Rock Mech. Min. Sci. & Geomech. Abstr., Vo1. 23, No. 3, PP. 201-212, 1996.
[81] D. R. Mccreath, M. S. Diederichs, Assessment of Neat-field Rock Mass Fracturing Around a Potential Nuclear Fuel Waste Repository in the Canadian Shield. Int. J. Mech. & Geomech. Abstr, Vo1. 31, No. 5. PP:457-470, 1994.
[82] Stormont J. C, Howard C. L. Daemen J. J. K. Changes in Rock Salt Permeability Due to Nearby Excavation. Proceedings of the 32nd US Symposium on Rock Mechanics, University of the Oklahoma, 1991:899-907.
[83] H.-J. Alheid, M. Knecht, R. Lüdeling. Investigation of the long-term Development of Damaged Zones Around underground Openings in Rock Salt. Int. J. of Rock Mech. & Min. Sci, Vo1. 35 Nos. 4-5, 1998.
[84] 梁卫国,赵阳升,李志萍,等. 群井致裂控制水溶盐矿开采分析及数值模拟[J]. 辽宁工程技术大学学报,2004,23(5):609-612.
[85] 余海龙. 岩盐溶腔稳定性基础理论及其工程应用研究[D]. 重庆大学,1996.
[86] 余贤斌. 盐矿钻井水溶法溶腔稳定性的轴对称有限元分析[J]. 化工矿物与加工,1998(4):15-18.
[87] 谭晓慧. 岩盐溶腔覆岩移动规律的研究[J]. 西安矿业学院学报,1997,17(2):117-120.
[88] 刘新荣,姜德义,谭晓慧. 岩盐溶腔覆岩沉降和变形规律的研究[J]. 化工矿物与加工,1999(7):21-25.
[89] 余勇进. 薄层复层状盐矿水溶开采溶腔研究与地面沉降分析[J]. 中国井矿盐,1998(2):14-17.
[90] 周国铨,崔继宪,刘广容. 建筑物下采煤[M]. 北京:煤炭工业出版社,1983.
[91] 崔希民,许家林,缪协兴. 潞安矿区综放与分层开采岩层移动的相似材料模拟实验研究[J]. 实验力学,1999,14(3):402-406.
[92] 李鸿昌. 矿山压力的相似模拟试验[M]. 徐州:中国矿业大学出版社,1988,197-203.
[93] 范学理,刘文生,赵德深. 中国东北煤矿区开采损害防护理论与实践[M]. 北京:煤炭工业出版社,1995,80-115.
[94] 于广明,杨伦,苏仲杰. 地层沉陷、非线性原理、监测与控制[M]. 长春:吉林大学出版社. 2000,102-110.

[95] 崔希民,缪协兴,苏德国,等.岩层与地表移动相似材料模拟试验的误差分析[J].岩石力学与工程学报,2002,21(12):1827-1830.
[96] 李鸿昌.矿山压力的相似模拟试验[M].徐州:中国矿业大学出版社,1988,197-203.
[97] 朱维意,马伟民,洪镀.用相似材料模型研究岩层移动规律的可信性分析[J].矿山测量,1984(3):10-18.
[98] F. P. Glushikhin, G. N. Kuznetsov, et al. Modeling in Geo-mechanics. ELSEVEAR Science publishers B. V. 1990.
[99] 任伟中,李振栓,杨展,等.数字化近景摄影测量在模型试验变形测量中的应用[J].岩土力学与工程学报,2004,23(3):436- 440.
[100] 李德仁,郑肇葆.解析摄影测量学[M].北京:测绘出版社,1992,10.
[101] 王之卓.摄影测量原理[M].北京:测绘出版社,1979.
[102] 王之卓.摄影测量原理续编[M].北京:测绘出版社,1986.
[103] 拉巴诺夫·A.H.解析摄影测量学[M].华瑞林,译.北京:科学出版社,1978.
[104] 李鸿昌.矿山压力的相似模拟实验[M].徐州:中国矿业大学出版社,1989.
[105] 任德惠.用相似材料模拟研究工作压力[J].矿山压力,1984.
[106] 左启勋.模型实验的理论与方法[M].北京:水利电力出版社,1984.
[107] 陈锐.脆性材料结构模型试验[M].北京:水利电力出版社,1984.
[108] 富马加利.静力学模型与地质力学模型[M].北京:水利电力出版社,1979.
[109] 姜德义.开采层底板应力分布[D].重庆大学,1985.
[110] 陶连金,王泳嘉,张倬元,等.大倾角煤层开采矿山压力显现及其控制[M].成都:四川科学技术出版社,1998.
[111] 王勖成,邵敏.有限单元法基本原理和数值方法[M].北京:清华大学出版社,1997.
[112] 李景涌.有限元法[M].北京:北京邮电大学出版社,1999.
[113] 郑宏,葛修润,谷先荣,等.关于岩土工程有限元分析中的若干问题[J].岩土力学,1995,16(3):7-12.
[114] 张有天,陈平,王镭.有自由面渗流分匀袖勺初流量法[J].水利学报,1988(8):18-26.
[115] 毛祖熙.渗流计算分析与控制[M].北京:水利电力出版社,1990.
[116] 郑宏,葛修润.改进的预处理共扼斜量法及其在工程有限元分析中的应用[J].应用数学和力学,1993,14(4):353-362.
[117] Brown C B, King I P. Automatic embankment analysis: Equilibrium and instabil ity conditlons. Geotechnique,1966,16(3):209-219.
[118] 毛祖熙.渗流计算分析与控制[M].北京:水利电力出版社,1990.
[119] 中国矿业大学北京研究生部.建筑物下厚煤层合理开采方法研究总报告(中波国际合作研究项目)[R].1997.
[120] H.克拉茨.采动损害及其防护[M].马伟民,王金庄,王绍林,译.北京:煤炭工业出版社,1982.
[121] Kwinta A, Hejmanowski R, Sroka A. A time function analysis used for the prediction subsidence, Mining Science Technology, Guo Y. G. &Golosinski (eds), Balkema, 1996.

419- 424.
[122] 麻凤海,范学理,王泳嘉. 岩层移动动态过程的离散单元法分析[J]. 煤炭学报,1996,21(4):388-392.
[123] 吴侃. 开采沉陷动态预计程序及其应用[J]. 测绘工程,1995,4(3):44- 48.
[124] 崔希民,缪协兴,金日平. 基于时间函数的地表移动动态过程计算方法[J]. 中国矿业,1999,8(6):58- 60.
[125] 郭大钧. 大学数学手册[M]. 济南: 山东科学技术出版社,1985.
[126] 数学手册编写组. 数学手册[M]. 北京:人民教育出版社,1979.
[127] 罗汉,曹定华. 多元微积分与代数[M]. 北京:科学出版社, 1999.
[128] 徐士良. 常用算法程序集[M]. 北京:清华大学出版社,1998.
[129] 田铮. 时间序列的理论与方法[M]. 北京:高等教育出版社,2001.
[130] 王祖成,汪家才. 弹性和塑性理论及有限单元法[M]. 北京:冶金工业出版社,1983.
[131] 苑莲菊,等. 工程渗流力学及应用[M]. 北京:中国建材工业出版社,2001.